ERSONAGE & PORTFOLIO

人物与作品集

第九届中国建筑学会青年建筑师奖获奖者

徐宗威 主编

中国建筑工业出版社

图书在版编目（CIP）数据

人物与作品集　第九届中国建筑学会青年建筑师奖
获奖者/徐宗威主编．—北京：中国建筑工业出版社，
2013.10

ISBN 978-7-112-15940-6

Ⅰ．①人… Ⅱ．①徐… Ⅲ.①建筑设计－作品集－中
国－现代 Ⅳ.①TU206

中国版本图书馆CIP数据核字（2013）第231855号

主　　编：徐宗威
编　　辑：王 京
责任编辑：唐 旭　　张 华
责任校对：刘梦然　　党 蕾

人物与作品集

第九届中国建筑学会青年建筑师奖获奖者

徐宗威　主编

*

中国建筑工业出版社出版、发行（北京西郊百万庄）
各地新华书店、建筑书店经销
北京锋尚制版有限公司制版
北京画中画印刷有限公司印刷

*

开本：880×1230毫米　1/16　印张：8¾　字数：270千字
2013年10月第一版　2013年10月第一次印刷
定价：118.00元
ISBN 978-7-112-15940-6
（24647）

第九届中国建筑学会青年建筑师奖评审委员会委员名单

车书剑　中国建筑学会理事长、国务院参事

何镜堂　华南理工大学建筑学院、建筑设计研究院院长，中国工程院院士

魏敦山　上海现代建筑设计（集团）有限公司顾问总建筑师、中国工程院院士

徐宗威　中国建筑学会副理事长兼秘书长

黄星元　中国电子工程设计院顾问总建筑师、全国设计大师

袁培煌　中南建筑设计院顾问总建筑师、全国设计大师

刘　力　北京市建筑设计研究院顾问总建筑师、全国设计大师

时　匡　CCDI（悉地国际）总建筑师、全国设计大师

朱文一　清华大学建筑学院院长、教授

刘燕辉　中国建筑设计研究总院副院长、总建筑师

王建国　东南大学建筑学院院长、教授

付本臣　哈尔滨工业大学建筑设计研究院副院长，副总建筑师

傅绍辉　中国航空规划建设发展有限公司总建筑师、教授级高级建筑

前　言

人物与作品集
——第九届中国建筑学会青年建筑师奖获奖者

　　为贯彻落实党中央十七届六中全会以及十八大精神，促进中国建筑文化的大发展大繁荣，鼓励青年建筑师为探索中国特色社会主义建筑理论和实践道路做出贡献，中国建筑学会于1993年创办了"中国建筑学会青年建筑师奖"，今年是第九届，全国共有19个省、市、自治区的67所设计单位的162名青年建筑师参与申报该奖。13位建筑学界著名专家组成评审委员会，遵照公开、公正和公平的评审原则，通过无记名投票的方式，确定66位青年建筑师为此届评审的获奖者，经过公示，没有异议，最终确定上述评出的青年建筑师为"第九届中国建筑学会青年建筑师奖"正式获奖者。

　　从第九届青年建筑师奖的申报材料看，总体水平较高，申报的地区范围更广，申报者的人数更多，参与意识更强，更可喜的是边远地区及民营设计团队青年建筑师踊跃申报，并展现了他们尊重传统、勇于创新的工作成果。这反映了在我国城市化和建筑事业的飞速发展中，青年建筑师越来越多的显示出他们的创作激情、丰富的想象力和丰富的工程设计经验，以及高度的社会责任感。当前我国建筑创作处于难得的历史发展机遇期，机遇与挑战共存，期望中国青年建筑师虚心学习，扎实工作，把握正确的建筑理论研究和创作方向，为探索中国特色的建筑理论和实践道路做出贡献。

　　"小荷才露尖尖角，早有蜻蜓立上头"。青年是我们的未来，是我们的希望，培养和选拔优秀青年才俊，是关系我们事业可持续发展的长远战略。这次的参选作品，注重把建筑的传承与创新完美的结合；注重建筑与环境的协调；注重设计品质、构思独特、立意新颖、充分体现地域文化特点。这些参选作品坚持创新，很好地把地域文化特征与建筑总体布局及建筑造型巧妙的集合起来，充满活力，既民族又现代；坚持贯彻了绿色建筑设计理念，关注建筑节能、低碳与城市建筑可持续发展。最为重要的是青年建筑师越来越强调"原创性"，关注"本土化"，更可喜的是"边缘"地区建筑师脱颖而出。总而言之，这些作品既让我们领略了青年建筑师的创新精神、创新理念和方法，又让我们深深体会到青年建筑师的高度社会责任感、敬业精神及团队精神。

　　"新竹高于旧竹枝，全凭老干为扶持"，如何及时选拔和培养出一批优秀的青年建筑师，公正的评价他们的作品，扩大他们的影响，给予他们更多的实践机会，提供给他们更大的创作平台，这是青年建筑师奖设立的初衷，也是我们考虑青年建筑师奖适度改革的出发点。实践证明，我们的选择和导向是正确的，许多曾经的优秀青年建筑师，如今已经是行业翘楚，他们能够脱颖而出，既是时代的需要，又是老一代建筑师倾注心血，长期悉心培育，"传、帮、带"的结果。

青年建筑师是建筑设计行业的中坚，又是建筑设计行业的希望和未来。通过评审引导青年建筑师设计作品向健康、积极的方向发展，体现并弘扬中国建筑文化，将是我们持之以恒的评审标准，希望在未来不断涌现出更多既有鲜明时代特色，又兼具传统文化内涵的优秀青年建筑师和优秀建筑作品。

与会评委祝贺获奖者，希望他们再接再厉，不负众望，做出更大的成绩；同时也赞赏未获奖者的进取精神，希望在下届青年建筑师奖评审时看到他们以新的成绩再次申报。评审会议还认为，该奖项要进一步扩大影响，加大宣传力度，希望下一届再有更多的青年建筑师积极参与。

为了宣传年轻一代建筑师的设计思想和追求，展示他们的创新理念和设计风格，交流他们的开阔视野和不断超越自我的精神，现将"第九届中国建筑学会青年建筑师奖"66位获奖者的主要设计作品汇编成册，由中国建筑工业出版社出版发行，供广大读者、设计人员、高校师生等收藏和参考。

本书在编辑出版中，得到了中国建筑工业出版社领导和编辑的热忱帮助，在此谨表感谢。

车书剑

二〇一三年九月

目　录

前言

关于开展"第九届中国建筑学会青年建筑师奖"评选工作的通知

中国建筑学会青年建筑师奖申报及评审条例

第九届中国建筑学会青年建筑师奖获奖者名单

人物与作品集——第九届中国建筑学会青年建筑师奖获奖者作品实录

关于开展"第九届中国建筑学会青年建筑师奖"评选工作的通知

各有关单位：

"中国建筑学会青年建筑师奖"评选活动自开展以来，促使了一大批优秀青年建筑师脱颖而出，得到了国内外业界和社会的广泛认可。中国建筑学会作为中国建筑师的代表组织，在当前新的形势下，认真贯彻党中央十七届六中全会精神，积极促进中国建筑文化的大发展大繁荣。为进一步培养优秀建筑设计人才，鼓励青年建筑师的创作热情和探索精神，使中国的现代建筑创作发扬光大，走向世界。为此，中国建筑学会决定于 2012 年组织开展"第九届中国建筑学会青年建筑师奖"的评选工作。

"中国建筑学会青年建筑师奖"是我国青年建筑师的最高荣誉奖。依据《中国建筑学会青年建筑师奖申报及评审条例》的规定，该奖项的产生，采取由个人申报，单位签署推荐意见，然后由专家评审委员会进行评审的办法进行。为此，请申报者严格遵照《中国建筑学会青年建筑师奖申报及评审条例》中规定的申报资格及要求，填写（电脑打印）申报书一份（另附），同时报送个人作品资料和获奖项目证明材料（按 A3 格式装订成册）一套（并附作品光盘），经所在单位审定和签署意见后，于 2012 年 10 月 30 日前报送中国建筑学会。鉴于评审工作的需要，另请提供介绍申报者的演示光盘（限 5 分钟，格式：AVI、WMV、MPG、DAT、VOB）。同时请将工作成本费 3000 元 / 每人，汇入我会银行账户。

本届申报者年龄限定为 45 周岁以下（含 45 周岁，1967 年 1 月 1 日及以后出生），申报者提交材料时，需同时提交本人身份证复印件一份。

为搞好申报及评选工作，现将《中国建筑学会青年建筑师奖申报及评审条例》印发给你们，请认真贯彻执行。

> 网　　址：www.chinaasc.org
> 联系地址：北京市三里河路 9 号中国建筑学会科技培训中心
> 邮政编码：100835
> 联 系 人：王 京、张建宏
> 联系电话：010-88082229、010-88082226
> 传　　真：010-88082223
> 电子信箱：wangjing1960@sohu.com
> 开户名称：中国建筑学会
> 开户银行：中国工商银行北京百万庄支行
> 银行账号：0200001409089016892

> 附件：1.《中国建筑学会青年建筑师奖申报及评审条例》
> 　　　2. 中国建筑学会青年建筑师奖申报书

中国建筑学会

二〇一二年七月二十日

中国建筑学会青年建筑师奖
申报及评审条例

第一章　奖项设置

第一条　为培养和鼓励中国青年建筑师在建筑实践中勇于探索，进一步促进建筑设计的繁荣和发展，提高青年建筑师的理论与创作水平，表彰在建筑实践中取得突出成绩的青年建筑师，中国建筑学会决定在全国范围内设立"中国建筑学会青年建筑师奖"。

第二条　"中国建筑学会青年建筑师奖"是建筑设计领域中国青年建筑师的最高荣誉奖。该奖每两年举办一次，每次奖励人数不超过 60 名。

第二章　申报资格和条件

第三条　"中国建筑学会青年建筑师奖"的申报者应符合以下资格：

1. 热爱祖国，具有献身于建筑事业的敬业精神，具备良好的职业道德和社会诚信。

2. 从事建筑设计工作三年以上，年龄在 45 周岁以内，具有中级或相当中级以上职称的建筑设计、教学、科研人员。

3. 应为中国建筑学会会员。

第四条　除符合第三条申报资格外，申报者还须具备以下条件之一：

1. 在建筑设计中有传承、有创新，达到国内外先进水平；

2. 参与过重大工程建筑项目设计，做出突出贡献。

3. 在理论和学术研究中，取得重要成果。

4. 曾获得国家级或省、部级奖项。

第三章　申报程序和材料

第五条　"中国建筑学会青年建筑师奖" 应由申报者所在单位推荐报名，申报者所在单位应具有合法建筑设计资质。

"中国建筑学会青年建筑师奖"每逢偶数年的 3 月至 6 月底为申报受理日期，申报者将申报材料报送中国建筑学会。

第六条　申报材料如下：

1.《中国建筑学会青年建筑师奖申报书》；

2. 电子文件，内容如下：

申报者作品资料的电子文件一份。作品资料应能全面而概括地反映申报者的作品内容和设计思想，经所在单位审核并签署意见。电子文件的介质、格式和其他要求根据每届评审工作的情况另行规定。

3. 多媒体演示文件（限五分钟）；

第四章　评审委员会

第七条　评审委员会遵循公平、公正、公开的原则对申报者在建筑设计的方案创作、工程实践、理论和科研等方面的成绩进行综合评价。

第八条　评审委员会构成及要求如下：

1. 评审委员会由学会领导和专家组成，一般为 9 至 11 人。其中主任委员应由学会的正（副）理事长担任。

2. 同一单位进入评审委员会的成员不宜超过 1 人。

3. 可邀请国际评委或艺术、设计等领域的跨界评委。

4. 每届评审委员会应适度更新成员，更新率可在 30% 左右。

第五章　评审程序

第九条　申报工作截止后，由中国建筑学会秘书处评审办公室对申报者进行登记和资格预审，形成预审报告并提交评审委员会。

第十条　评审委员会依据本条例的申报条件，首先对申报人及有关项目进行核实，认真观看演示光盘和阅读参评材料，写出初审意见；而后评审委员会再根据评议意见进行协商、讨论和筛选，提出候选名单；遵照公开、公正和公平的评审准则，在候选名单的基础上，严格依照标准进行把关，最后通过无记名投票的方式，确定最终获奖名单，并写出审定意见。

第十一条　评选结果应在中国建筑学会网站向业界和社会进行公示。

第十二条　公示结束后，中国建筑学会向业界和社会发布获奖公告。

第六章　奖励

第十三条　中国建筑学会向获奖者颁发荣誉证书和奖牌，并向获奖者所在单位发贺信。

第七章　评审工作费用

第十四条　为了保证评审工作的正常进行，每位申报者须缴纳工作成本费用，具体数额届时通知。

第八章　权属

第十五条　本条例的解释、修改权属中国建筑学会。本条例自 2012 年 7 月 1 日起实施。

第九届中国建筑学会青年建筑师奖获奖者名单
（按姓氏笔画排序）

于海为	中国建筑设计研究院
马　莹	南京金宸建筑设计有限公司
王　健	浙江大学建筑设计研究院
王小工	北京市建筑设计研究院有限公司
王晓军	河南省建筑设计研究院有限公司
石　锴	天津市建筑设计院
卢　峰	重庆大学建筑城规学院
叶　欣	中广电广播电影电视设计研究院
申　江	中国航空规划建设发展有限公司
丘建发	华南理工大学建筑设计研究院
付　修	清华大学建筑设计研究院有限公司
朱翌友	中建国际（深圳）设计顾问有限公司
任　希	福建省建筑设计研究院
刘　刚	中国建筑西南设计研究院有限公司
刘　峰	中科院建筑设计研究院有限公司
刘卫东	山东同圆设计集团有限公司
刘锐峰	中国航空规划建设发展有限公司
汤朔宁	同济大学建筑设计研究院（集团）有限公司
牟中辉	深圳市华汇设计有限公司
李　捷	上海华东发展城建设计（集团）有限公司
李大伟	中国美术学院风景建筑设计研究院

李少云	广州市城市规划勘测设计研究院
杨　昕	大连市建筑设计研究院有限公司
杨　明	华东建筑设计研究院有限公司
杨　亮	四川西南标办建筑设计院有限公司
沈晓恒	深圳市建筑设计研究总院有限公司
沈晓聪	建盟工程设计（福建）有限公司
张　正	厦门合道工程设计集团有限公司
张　冰	山东大卫国际建筑设计有限公司
张　晔	中国建筑设计研究院
张　琳	深圳市建筑设计研究总院有限公司
张　键	天津大学建筑设计研究院
张秋实	上海建筑设计研究院有限公司
陆诗亮	哈尔滨工业大学建筑设计研究院
陈　炜	深圳奥意建筑工程设计有限公司
陈　曦	广州市设计院
陈志青	浙江省建筑设计研究院
陈剑飞	哈尔滨工业大学建筑设计研究院
陈剑秋	同济大学建筑设计研究院（集团）有限公司
罗文兵	云南省设计院
周　勇	中国城市规划设计研究院
庞　波	广西华蓝设计（集团）有限公司
郑少鹏	华南理工大学建筑设计研究院
胡慧峰	浙江大学建筑设计研究院
柯　蕾	北京市建筑设计研究院有限公司

钟　中	深圳大学建筑设计研究院
钟洛克	重庆市设计院
侯朝晖	山东省建筑设计研究院
袁　玮	东南大学建筑设计研究院有限公司
莫修权	清华大学建筑设计研究院有限公司
贾新锋	郑州大学建筑学院
顾志宏	天津大学建筑设计研究院
钱　锋	东南大学建筑设计研究院有限公司
高安亭	中信建筑设计研究总院有限公司
高朝君	中国建筑西北设计研究院有限公司
郭　胜	广东省建筑设计研究院
涂　舸	四川省建筑设计院
黄宇奘	香港华艺设计顾问（深圳）有限公司
黄晓群	中国中元国际工程公司
曹　辉	辽宁省建筑设计研究院
曹胜昔	北方工程设计研究院有限公司
常　宁	南京长江都市建筑设计股份有限公司
蓝　健	南京市建筑设计研究院有限责任公司
蔡　爽	苏州市设计研究院股份有限公司
薛晓雯	中国建筑东北设计研究院有限公司
薄宏涛	杭州中联筑境建筑设计有限公司

人物与作品集

——第九届中国建筑学会青年建筑师奖获奖者作品实录

于海为

性别： 男
出生日期： 1973年1月
工作单位： 中国建筑设计研究院—合建筑设计研究中心U10工作室
职称： 教授级高级建筑师

个 人 简 历：

1990 ~ 1995 年　清华大学建筑学本科专业

1995 ~ 1998 年　清华大学建筑学硕士专业

1998 年至今　中国建筑设计研究院

主要工程设计作品：

福建广播电视中心	内蒙古广播影视传媒大厦	北京中间艺术馆
北京中间建筑 C、D 区	北京中间建筑 G 区	广州珠江新城高尚住宅
招商银行深圳分行大厦	上海吉盛伟邦绿地国际家具村二期	广州东方博物馆
北京工业大学第四教学楼、实验楼、教学科研楼、艺术设计中心		

创 作 理 念：

　　面对纷繁复杂的设计项目，我们不单一地追随建筑形式、风格，我们坚持用解题的方式来应对设计过程，面对最本真的环境、业主和使用者的要求，以发掘设计之 "本题"。

　　"本题" 是一种态度，在一贯积累与思考的同时，针对每个项目都是一次新的发现问题、解决问题的过程，没有捷径可走。

　　"本题" 是一种现象，是通过大量的研究，可挖掘的隐藏在项目表象背后的真实。

　　"本题" 是一种过程，不是逻辑推理得出简单的结论，而是在环境、城市、社会等多重关联下，积极、全面、不断地尝试，让建筑逐渐变得清晰、合理，甚至是一个惊喜。

　　我们在寻求 "本题" 的路上……

北京中间建筑C、D区

北京中间建筑G区

北京中间艺术馆

北庭故城考古遗址公园1

北庭故城考古遗址公园2

福建广播电视中心

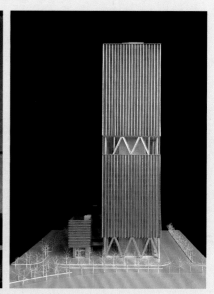

广州东方博物馆1

广州东方博物馆2

上海吉盛伟邦绿地国际家具村二期

招商银行深圳分行大厦

王健

性别：男
出生日期：1971年6月
工作单位：浙江大学建筑设计研究院
职称：高级工程师

个 人 简 历：

1989年9月~1994年7月　就读于浙江大学建筑系建筑学专业本科，获工学学士学位

1994年8月　进入浙江大学建筑设计研究院工作

1998年9月~2004年3月　在浙江大学建筑系建筑设计及其理论专业，在职攻读硕士研究生，获建筑学硕士学位

2000年9月　获一级注册建筑师执业资格

现任浙江大学建筑设计研究院设计一所所长、副总建筑师

主要工程设计作品：

苏州沿海国际中心　　　　浙江省疾病预防控制中心　　　临安中都青山湖畔绿野清风组团
杭州亲亲家园住宅小区　　杭州电子科技大学体育馆　　　广厦金华时代花园
西湖时代广场　　　　　　浙江大学西溪校区艺术中心　　华立仪表及系统制造基地

创 作 理 念：

以"独立之精神　自由之思想　社会之责任"为创作指引，具有较强的创新意识和综合统筹能力，坚持关注建筑空间的本源与建筑师的社会责任感，主持、参与了多项大中型建筑设计。

苏州沿海国际中心1

苏州沿海国际中心2

浙江省疾病预防控制中心

浙江大学西溪艺术中心   杭州亲亲家园住宅小区

临安中都青山湖畔绿野清风组团   杭州电子科技大学体育馆   华立仪表与系统制造基地

西湖时代广场   广厦金华时代花园

王小工

性别：男
出生日期：1968年1月
工作单位：北京市建筑设计研究院有限公司（BIAD）
职称：总建筑师、国家一级注册建筑师

个人简历：

1990年重庆建筑工程学院建筑学学士
1997年清华大学建筑学院建筑学硕士
1997年进入北京市建筑设计研究院工作历任建筑师\副主任建筑师\主任建筑师
中国建筑学会建筑师分会\室内设计分会会员\中国民族建筑研究会会员
中央美术院建筑学院院外特聘研究生导师
中国建筑学会建筑师分会教育建筑专业委员会委员、副秘书长

主要工程设计作品：

北川中学灾后重建项目	武汉市艺术学校	北京师范大学附属中学
马哥孛罗大酒店	北京第二实验小学	蚌埠市第二中学
北川七一职业中学	河南老干部活动中心	

创作理念：

建筑设计既是一种领域的学科，更是通过创造和交流跨越不同生活领域的一种思维方式。当现代生活的文明与我们固有的历史文化传承自我交融达成一种从容和默契，生活本身蕴含的那份感动便自然而生动的展现出来了。设计的意义不正是关注和挖掘生活中蕴含的人与环境间这份默契吗！否则，建筑形式的自我美丽与彰显将失去意义。

北川中学灾后重建项目

武汉市艺术学校

北京市第二实验小学   马哥孛罗大酒店

北京师范大学附属中学

王晓军

性别：女
出生日期：1968年6月
工作单位：河南省建筑设计研究院有限公司
职称：副总建筑师

个 人 简 历：

1987 年　进入重庆建筑工程学院建筑学就读

1991 年　进入河南省建筑设计研究院，先后在生产一所和上海分院工作

2000 年　在河南省建筑设计研究院"建筑创作室"工作至今；历任建筑师、高级工程师，现任公司副总建筑师
及建筑创作室首席主创建筑师

主要工程设计作品：

河南大学新校区 15、16 号组团	社会主义新农村方案设计
河南典型民居建筑风格调查研究报告	河南省南水北调丹江口库区移民新村方案竞赛
郑州轻工业学院新校区食堂	河南大学新校区 7 号组团
河南大学新校区 8 号组团	郑州交通枢纽长途客运站
许昌忆江南规划设计	郑州大学第一附属医院门诊医技楼
河南大学新校区体育馆设计	黄河水利水电开发总公司综合办公楼
郑州市第二人民医院新建病房楼方案设计	郑州市轨道交通调度中心

创 作 理 念：

在思想和工作上严格要求自己，恪守建筑师的职业道德和义务。对工作兢兢业业，有理想、有抱负，对建筑设
计充满热情，努力用建筑的语言为社会创造美好、放飞梦想。坚持理论与实际相结合、努力创新，用实际项目检验
和评价自己的设计思想和设计方法。

平顶山市副CBD概念性规划方案

河南大学新校区体育馆方案

郑州市轻工学院新校区学生食堂

河南省牧业高等专科学校新校区图书馆

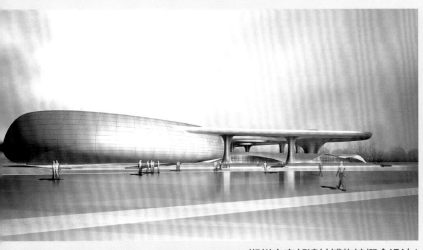

郑州市商都遗址博物馆概念设计1

郑州市商都遗址博物馆概念设计2

河南大学新校区化工学院

河南大学新校区环规学院

郑州市轨道交通调度中心

丘建发

性别： 男
出生日期： 1976年11月
工作单位： 华南理工大学建筑设计研究院
职称： 高级工程师

个 人 简 历：

1995~2000 年　就读华南理工大学建筑系，获建筑学学士学位

2000~2003 年　就读华南理工大学建筑设计研究院，获建筑学硕士学位，师从何镜堂院士

2007 年至今　在职攻读博士学位，师从何镜堂院士

2003~2008 年　工作于华南理工大学建筑设计研究院，获一级注册建筑师与注册城市规划师资格

2008 年至今　担任何镜堂院士工作室副主任

主要工程设计作品：

青海玉树藏族自治州博物馆	解放军总医院海南康复疗养基地——国宾酒店
上海大学东区二期学院楼群	南开大学图书馆
南京审计学院教学楼群	南京审计学院浦口新校区总体规划
烟台汽车工程职业学院新校区	华南理工大学大学城校区公共教学主楼
上海大学东区工程一期	烟台职业学院新校区
郑州市城市规划展览馆	中华成语博物馆
天津科技大学新校区	

创 作 理 念：

　　建筑为城市活动提供了场所与背景，又承载着人的生活与记忆；在设计实践中，一直在关注城市—建筑—人之间的关系，试图营造对城市有所贡献，又为人所认同眷恋的建筑场所。

　　近 10 年的实践主要致力于公共文化建筑、校园及教育建筑等类型设计探索。和谐的环境关系、多样的交往空间、地域文化的融入，是这些项目共同的设计目标。在设计作品与研究中，坚持对城市、场所、地域文化的关注，试图使建筑为城市及社区带来积极的影响与交往的活力，又力图在建筑中创造丰富的空间体验与人性化的使用空间。

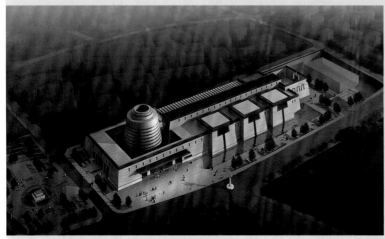

玉树州博物馆

郑州城市规划展览馆

解放军总医院海南分院国宾酒店1　　解放军总医院海南分院国宾酒店2　　解放军总医院海南分院国宾酒店3

南京审计学院　　　　　　　　　　　映秀镇中心卫生院

上海大学校本部东区1

上海大学校本部东区2　　　　　　　　　　中山大学科技综合楼

洛阳新区体育中心总体规划

洛阳新区体育中心体育馆

洛阳新区体育中心体育场

清华大学高企培训中心

郑州弘润·幸福里小区

清华大学公共管理学院

郑州创新大厦

烟台京福大厦

卢峰

性别：男
出生日期：1968年5月
工作单位：重庆大学建筑城规学院
职称：教授、博士研究生导师

个 人 简 历：

1985 年 9 月 ~1989 年 7 月　重庆建筑工程学院，建筑学专业本科　工学学士
1989 年 9 月 ~1992 年 7 月　重庆建筑工程学院，建筑设计及其理论方向，硕士研究生　工学硕士
1997 年 4 月 ~2004 年 6 月　重庆大学建筑城规学院，建筑设计及其理论方向，博士研究生　工学博士
1992 年 7 月至今　重庆大学建筑城规学院　副院长

主要工程设计作品：

重庆江北城控制性详细规划及城市设计	重庆半岛大厦
重庆红岩革命纪念馆新馆	重庆市人民广场二期及三峡博物馆设计
重庆北部新区经开园金山片区城市设计（核心商务区及高级住区）	
江津市文化艺术中心	重庆统景温泉酒店
自贡恐龙博物馆入口大门及环境设计	重庆解放碑中心地区城市设计（城市 CBD 中心）
重庆江北滨江路城市设计实施方案（滨江高级住区、商业、休闲、办公、展览混合功能）	
重庆市急控中心实验大楼	国家审计署驻重庆特派员办事处
重庆电力计量中心	广西融安县文体中心设计
河南南阳高新区管委会综合办公楼设计	广西南宁五象新区总部基地城市设计
西南大学综合楼设计	四川大英县三馆一中心综合体设计
重庆万州区滨江区域商业办公项目	重庆大学虎溪校区理工综合楼设计
重庆市唐家沱片区城市设计	四川大英县太吉片区城市设计

创 作 理 念：

　　城市与建筑作为人类文化的物化平台，地域性与多样性是其与生俱来的特征之一；在经济日益全球化和生活方式日益趋同的当代背景下，地域性作为地方文化彰显自身独特存在的一个要素，成为当代建筑创作中一个永恒的主题。

　　在 20 年的建筑生涯中，地域性是我建筑创作过程中的一个主要目标和设计策略；西南地区丰富的自然山地形态、多元混合的文化存在和悠久深厚的发展历史，为我的建筑创作提供了取之不尽的素材和灵感来源。因此，深入分析不同场地的特征及限制要素，并将之作为建筑形态生成的一个切入点，是我希望将建筑"锚固"在场地上的一个主要策略。

广西融安县文体中心

四川平武县南坝镇灾后重建规划

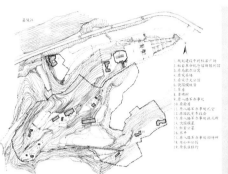

重庆红岩革命纪念馆　　　　　　　重庆红岩革命纪念馆总平面图　　　　　　　西南大学办公综合楼

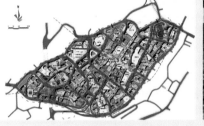

重庆市江北区滨江地区城市设计——绿城·天街　　　　　　重庆解放碑城市设计　　　　　　重庆统景温泉酒店

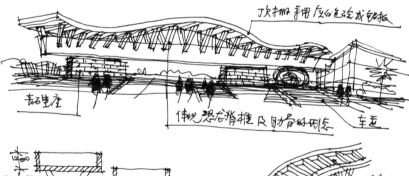

寸滩——重庆唐家沱地区城市设计1

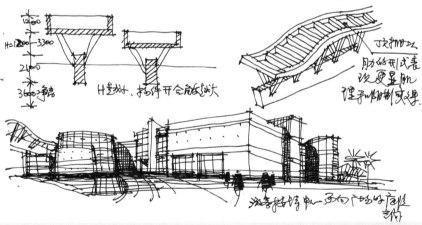

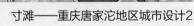

寸滩——重庆唐家沱地区城市设计2　　　　　　　　　　　　　　　自贡恐龙博物馆草图

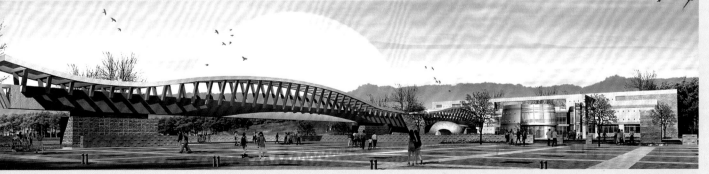

自贡恐龙博物馆

叶欣

性别：男
出生日期：1978年1月
工作单位：中广电广播电影电视设计研究院
职称：高级工程师、一级注册建筑师

个 人 简 历：

2001 年　毕业于西南交通大学建筑系，获建筑学学士
2001 年　就职于中广电广播电影电视设计研究院（原国家广电部设计院）

主要工程设计作品：

中央财经大学科研教学综合楼	北京音乐厅改造	成都妇女儿童中心
中央财经大学新校区	绵阳电视台	老挝国家电视台 3 频道
几内亚比绍人民宫	安提瓜和巴布达总理官邸	中国武警学院军师职培训楼

中央财经大学科研教学综合楼

中央财经大学新校区

成都妇女儿童中心   北京音乐厅改造

申江

性别： 男
出生日期： 1971年5月
工作单位： 中国航空规划建设发展有限公司
职称： 研究员

个 人 简 历：

1989 年 9 月～ 1994 年 7 月　在清华大学建筑学院学习，获学士学位

1994 年 9 月～ 1997 年 7 月　在清华大学建筑学院学习，获硕士学位

1997 年 7 月至今　在中国航空规划建设发展有限公司工作，国家一级注册建筑师，研究员，公司总建筑师，设有申江工作室

主要工程设计作品：

中国国家话剧院剧场及办公楼工程　　　　　　广西科技馆

湖南省科技馆　　　　　　　　　　　　　　　唐山市体育休闲公园（奥体中心）

北京科学中心　　　　　　　　　　　　　　　大庆时代广场会议中心

北航图书馆改造工程　　　　　　　　　　　　中国计量院 25 号综合办公楼及交流中心

南京机电液压工程研究中心 101 科研办公楼

创 作 理 念：

建筑师应有社会和职业的理想，应与时代同步。

设计应强调创造性，创造性来源于对社会、文化、技术、项目文脉等因素的综合，是对时代文明特征的反映。

建筑师应有追求完美的匠人精神。

唐山市体育休闲公园（奥体中心）

大庆时代广场会议中心

广西科技馆

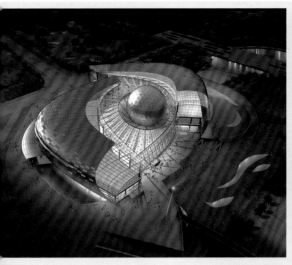

湖南省科技馆

中国国家话剧院剧场及办公楼工程

北京科学中心（入围方案）

北航图书馆改造工程

中国计量院25号综合办公楼及交流中心

石锴

性别：男
出生日期：1980年12月
工作单位：天津市建筑设计院
职称：建筑师

个 人 简 历：

1999 年 9 月 ~2004 年 6 月　天津大学建筑学院建筑学专业
2004 年 7 月至今　天津市建筑设计院助理建筑师、建筑师

主要工程设计作品：

大胡同停车楼　　　　　　　华夏未来少儿艺术中心（二期）
天津港企业文化中心　　　　天津高新区国家软件及服务外包基地
天津网球中心　　　　　　　轻纺经济区酒店
707 所导航综合楼　　　　　天津游泳运动学校
天津职业大学图书馆

创 作 理 念：

理性地分析各种环境因素，感性地还原出而不是捏造出一种建筑本来应该成为的样子。

轻纺经济区滨海三号酒店

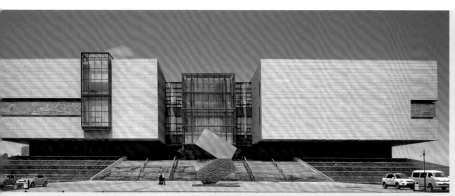  

天津港企业文化中心1　　天津港企业文化中心2　　天津港企业文化中心3

天津网球中心1　　　　　　　　　　　　　　　　　天津网球中心2

天津网球中心3　　　　　　　　　　　　　　　　　天津大学图书馆

中船重工集团导航综合楼1　　　　　　　　　　　　中船重工集团导航综合楼2

任希

性别：女
出生日期：1969年1月
工作单位：福建省建筑设计研究院
职称：教授级高级工程师

个 人 简 历：

1986 年 9 月　保送至清华大学建筑系建筑学专业

1991 年 7 月　毕业于清华大学建筑学专业

1991 年 7 月至今　工作于福建省建筑设计研究院

2001 年 9 月 ~2002 年 9 月　获法国总统奖学金，法国南特建筑学院学习并在法国工作

2010 年　获天津大学建筑与土木工程领域工程硕士学位

主要工程设计作品：

江南水都中学	桂林奥林匹克花园	泉州晋江机场改扩建工程
鼓山苑（北区）	八五大进深住宅方案	省运会场馆莆田网球馆、网球馆
福建省地税办公综合楼	百华大厦	省运会场馆射击馆及射箭场、飞碟靶场
彭州市人民医院	莆田一中	福建省建设银行办公大楼
福州第三中学教学楼	彭州市妇幼保健院	融侨滨广场
华夏私立学校	福建省医学院附属第三医院	武夷山市立医院（福建省立医院武夷山分院）
福建省立医院周转楼	永升城市花园	莆田学院总体规划
福建省莆田学院北区学生公寓	泉州中芸洲海景花园	莆田学院国际交流中心

江南水都中学（图书馆小景）

江南水都中学（沿高架桥透视图）

付修

性　别：男
出生日期：1973年12月
工作单位：清华大学建筑设计研究院有限公司
职　称：国家一级注册建筑师、高级工程师

个 人 简 历：

1991 年 9 月～1996 年 7 月　清华大学建筑学院　建筑学专业　本科

1996 年 9 月～1999 年 7 月　清华大学建筑学院　建筑设计及理论专业　硕士

1999 年 7 月至今　清华大学建筑设计研究院建筑师　建筑专业一所主任建筑师、副所长

主要工程设计作品：

济南十一届全国运动会赛马场	河南濮阳市体育馆	吉林松原市体育馆
北京市平谷区体育中心体育馆、游泳馆	北京银建泗上基地游泳馆	洛阳新区体育中心总体规划
清华大学高企培训中心	清华大学公共管理学院	北京天宁广场综合楼
平谷特色文化体育展示中心	平谷体育中心综合服务中心	洛阳会展中心
烟台青龙山博物馆	贵州省实验中学乐湾国际学校	郑州弘润幸福里小区规划

洛阳新区体育中心综合体育馆、训练馆、游泳馆、体育场、网球综合训练馆、自行车场

创 作 理 念：

我们所从事的建筑师职业，是一项高度创造性、综合性的工作，离不开建筑师的专业技能、创新能力、协调能力、服务精神和社会责任感。十几年的工作经历，合作了许多团队、流下了许多汗水、建成了许多项目、结识了许多客户、学到了很多做人做事的道理。建筑师的职业道路既辛苦也欣慰，未来仍将孜孜不倦，不辜负每一分信任与委托，继续业务领域的努力与探索，回报这独特的社会与时代。

洛阳市会展中心1

洛阳市会展中心2

洛阳市会展中心3

福州第三中学教学楼

桂林奥林匹克花园

福建医科大学附属第三医院

刘刚

性别：男
出生日期：1969年11月
工作单位：中国建筑西南设计研究院有限公司
职称：高级建筑师、高级规划师

个 人 简 历：

1988~1992 年　就读于西南交通大学建筑学院建筑系

现任中国建筑西南设计研究有限公司副总建筑师，成都市城市设计研究中心总建筑师，高级建筑师，高级规划师，国家一级注册建筑师，中国规划学会城市设计学术委员会委员

主要工程设计作品：

成都伊势丹百货	三六三医院	四川锦江宾馆新馆
雅砻江流域集控中心大楼	成都东大街城市设计	成都人民南路城市设计
天府广场周边地区城市控制规划	人民公园周边地块城市设计	成都市新都区翠微湖片区城市设计
达县三里坪人文生态区修建性详细规划阶段城市设计		成都金牛区茶店子街区城市设计
成都东部新城文化创意产业功能区南岛片区城市设计		

创 作 理 念：

在各种建筑类型的研究和设计中所倾注的热情，不仅仅在于设计的本身，而是在建筑与城市中对人的关注。建筑空间与城市形态，历史传承与创新设计，城市更新与人文生活，这些诸多方面的关切与感悟不仅汇聚在设计作品中，更以此作为职业的根本。

天府广场周边地区城市控制规划　　　　　　茶店子片区城市设计　　　　　　人民公园周边地块城市设计

成都伊势丹百货

四川锦江宾馆新馆1

雅砻江流域集控中心大楼1

雅砻江流域集控中心大楼2

雅砻江流域集控中心大楼3

四川锦江宾馆新馆2

刘峰

性别：男
出生日期：1973年1月
工作单位：中科院建筑设计研究院有限公司
职称：高级建筑师

个 人 简 历：

1994 年　毕业于山东建筑大学建筑系，获学士学位

1997 年　毕业于同济大学，获建筑学硕士学位

1997 年　就职于中国科学院北京建筑设计研究院（原名），现任中科院建筑设计研究院有限公司（现名）常务副总建筑师、高级建筑师、国家一级注册建筑师、中国科学院青年联合会委员

主要工程设计作品：

郑州隆福国际项目　　　　　　　　　　　广州市亚运城岭南水乡民俗主题建筑

中国农业大学生命科学楼　　　　　　　　四川阿坝九寨沟国际大酒店（合作设计）

石家庄国际会展中心　　　　　　　　　　天津西青假日风景花园

海南三亚亚龙湾红树林度假酒店（合作设计）　　中科院地球化学所金阳新所园区

中科院电工研究所电气科学研究及测试楼　　北京奥运园区（科学园南里）城市综合体

创 作 理 念：

　　建筑是有性格、有层次、有生命的，从空间自我表达到建筑师用砖石、玻璃、混凝土……来讲故事，技术是手段，对人类生存环境的物理空间塑造是本源，对精神感受、审美需求、可持续的满足是更高消费。

北京奥运园区科学园南里城市综合体1　　北京奥运园区科学园南里城市综合体2

石家庄国际会展中心1　　　　　　　　　　　　　　　石家庄国际会展中心2

中科院地化所金阳新所园区1

天津西青假日风景花园1

中科院地化所金阳新所园区2

天津西青假日风景花园2

中国农业大学生命科学楼1

中国农业大学生命科学楼2

郑州隆福国际1

郑州隆福国际2

刘卫东

性别： 男
出生日期： 1968年10月7日
工作单位： 山东同圆设计集团有限公司
职称： 工程技术应用研究员

个 人 简 历：

1986 年 ~ 1990 年　就读于山东建筑工程学院建筑系建筑学专业　获工学学士

1990 年　进入山东同圆设计集团有限公司（原济南市建筑设计研究院）

1994 年　组建方案创作室，成为首批创作室成员

1998 年　任创作室主任助理

2000 年　任设计三所所总建筑师

2004 年　任创作一室主任、院副总建筑师

2008 年　创作室合并成立建筑研究所，任所长，次年任集团总建筑师

2011 年　组建山东同圆设计集团有限公司卫东建筑工作室，任工作室主任、集团总建筑师至今

主要工程设计作品：

泉城广场	山东航空公司大厦
济南龙奥大厦	济南知识经济总部高层组群
济南市西客站片区安置二区规划、单体	成城大厦
新开元广场	山东报业集团传媒大厦
开发区外包城	济南市公安局指挥中心及技术业务楼
山东书城	中铁国际城

创 作 理 念：

无须盲从各种设计风格流派，坚持建筑设计的原动力。

建筑的最终目的是为人们创造舒适、愉快的活动场所。那么，建筑师在设计工作中就须时刻以使用者的需求与感受为原则，运用自己的专业技能，将他们的生活场景搭建起来，并在社会意识层面加以引导和提升。这里面会有建筑师的个人理想成分，但只有在一种共同的理想融合中去完成社会责任，才能实现建筑师自己的价值。

成城大厦

大众传媒大厦

济南知识产业总部基地

高新区文化中心

龙奥大厦

微山璎轩小学

中国铁建国际城

山东书城

岚山老年人活动中心

刘锐峰

性别：男
出生日期：1976年5月
工作单位：中国航空规划建设发展有限公司
职称：工程师

个 人 简 历：

1995 年 9 月 ~ 2000 年 7 月　内蒙古工业大学建筑系，本科
2000 年 9 月 ~ 2003 年 7 月　大连理工大学建筑系，硕士研究生
2003 年 9 月至今　中国航空规划建设发展有限公司，副总建筑师；建筑设计与理论研究室，室主任

主要工程设计作品：

中国杭州低碳科技馆　　　　　成都飞机设计研究所科研楼
内蒙古科技馆新馆　　　　　　内蒙古演艺中心
兰州体育中心　　　　　　　　通辽市图书馆新馆
乌兰察布市大剧院

创 作 理 念：

　　建筑是为使用者提供的人性化空间，也是一种角色，一种与所在城市空间的对话。它有自己的性格和语言、表情和内质；它是建筑师及使用者情感、体验融汇的空间。

成都飞机设计研究所科研楼

乌兰察布市大剧院1

乌兰察布市大剧院2

中国杭州低碳科技馆1

中国杭州低碳科技馆2

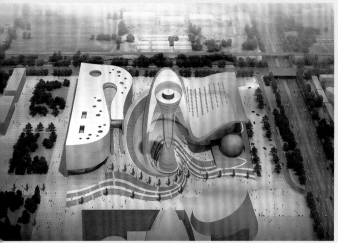

内蒙古科技馆、内蒙古演艺中心建筑群

宁夏国际会议中心

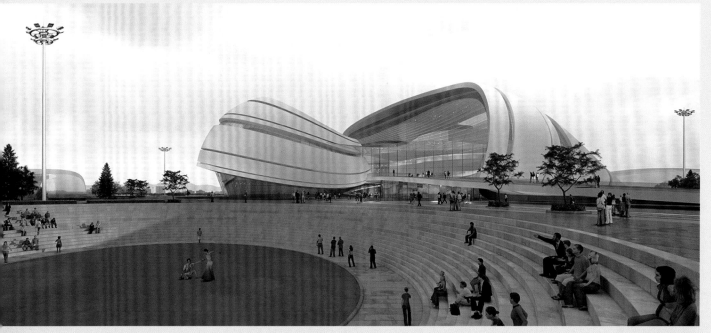

云南文化艺术中心

朱翌友

性别：男
出生日期：1974年4月
工作单位：中建国际（深圳）设计顾问有限公司
　　　　　CCDI悉地国际 设计副总裁
　　　　　CCDI悉地国际 公共建筑事业部 总建筑师
职称：国家一级注册建筑师

个 人 简 历：

1997 年 7 月　华中理工大学 建筑学 本科

2000 年 7 月　华中科技大学 建筑学 硕士

2000 ～ 2002 年　香港华艺设计顾问（深圳）有限公司 建筑师

2002 年至今　CCDI 悉地国际设计顾问（深圳）有限公司设计副总裁，公共建筑事业部总建筑师

主要工程设计作品：

深圳龙岗区三馆及书城项目　　　　　四川美术馆

慈溪文化商务区文化艺术中心　　　　盐城文化艺术中心

深圳航天国际中心　　　　　　　　　南山文体中心

振业星海名城七期办公楼　　　　　　深圳腾讯研发大厦

深圳绿景大厦　　　　　　　　　　　深圳正中科技大厦

东莞金地格林小城　　　　　　　　　龙岗体育公园

成都中海·格林威治城

创 作 理 念：

　　建筑是环境里的建筑。在城市中，从交通、场地、周边体量等物理因素到文化、历史、未来等意识因素，建筑必须回应各种城市问题。更多时候，建筑不是城市中"空降"的异形，而是城市脉络里生长出的环节。建筑必须以人为本。任何功能、空间上的创意离开了这点只能变苍白。建筑空间必须围绕人来设计、创新，让人更便利、更舒适，或者更愉悦，更激动……包括建筑空间，设计师在结构技术、节能技术、空调机电等方面的创造，都会最终反映在人的体验上。

　　如果没有新鲜感，就没有灵气，没有激情，设计水准就停滞了。

2008 盐城文化艺术中心1

2008 盐城文化艺术中心2

2008 盐城文化艺术中心3

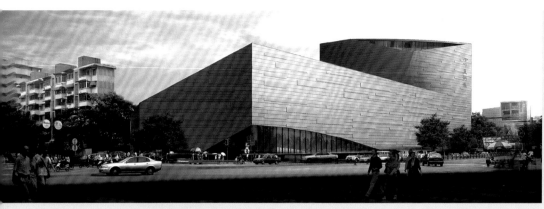

2009 四川美术馆1　　　　　2009 四川美术馆2

2005 深圳绿景大厦1　　　2005 深圳绿景大厦2　　　　　2007 南山文体中心

2006 深圳腾讯研发大厦1　　　2006 深圳腾讯研发大厦2

2008 深圳航天国际中心　　　　　2009 慈溪文化商务区文化艺术中心

汤朔宁

性别：男
出生日期：1973年6月
工作单位：同济大学建筑与城市规划学院
　　　　　同济大学建筑设计研究院（集团）有限公司
职 称：副教授、国家一级注册建筑师

个 人 简 历：

1996 年 7 月　毕业于同济大学建筑学专业本科，获学士学位

1999 年 3 月　毕业于同济大学建筑设计与理论研究生，获硕士学位

2008 年 3 月　毕业于同济大学建筑建筑学专业，获博士学位

　　　　　　　同济大学建筑设计研究院（集团）有限公司总裁助理

　　　　　　　同济设计集团都市建筑设计院常务副院长

主要工程设计作品：

2008 北京奥运会乒乓球比赛馆（北京大学体育馆）

上海东方体育中心室外跳水馆（与德国 gmp 国际建筑设计有限公司合作）

福建泉州海峡体育中心体育馆　　　　　江苏南通体育会展中心体育场

南京江宁体育中心　　　　　　　　　　江苏常熟体育中心

山东日照游泳馆　　　　　　　　　　　福建莆田市体育中心

四川遂宁体育中心　　　　　　　　　　辽宁营口鲅鱼圈奥体中心

山东兖州体育中心　　　　　　　　　　贵州黔西体育中心

清华大学大石桥学生公寓区　　　　　　北川国家地震遗址博物馆概念策划与总体设计

都江堰壹街区安居房综合社区　　　　　同济大学土木工程学院大楼

创 作 理 念：

　　本人专注于体育建筑（大跨度建筑）的设计研究，并坚持建筑创作中的原创精神，将中国的传统建筑元素与现代体育建筑相结合，努力摸索中国现代建筑创作的本质，并将此作为设计创作的基本出发点。同时在奥运会、世博会等社会"大事件"中，积极承担建筑师的社会责任。

2008北京奥运会乒乓球比赛馆1

2008北京奥运会乒乓球比赛馆2

常熟体育中心

江宁体育中心

莆田市体育中心

寿光体育中心

遂宁体育中心

南通体育会展中心体育场1

南通体育会展中心体育场2

同济大学土木学院

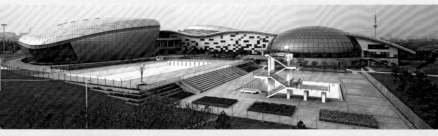

日照游泳馆

同济游泳馆

牟中辉

性别：男
出生日期：1972年12月
工作单位：深圳华汇设计有限公司
职称：国家一级注册建筑师

个 人 简 历：

1991 ~ 1996 年　天津大学建筑学专业，本科

1996 ~ 1999 年　天津大学建筑学专业，硕士

1999 ~ 2001 年　深圳市华森顾问工程设计有限公司，建筑师

2002 ~ 2004 年　北京市三磊建筑设计有限公司，主任建筑师

2005 年至今，深圳市华江设计有限公司，设计总监、副总经理

主要工程设计作品：

西安华侨城·壹零捌坊　　　　深圳万科·金域华府

厦门华侨大学经管学院　　　　杭州湾信息港

贵阳保利溪湖展示中心　　　　广州万科土楼

西安华侨城天鹅堡展示中心

创 作 理 念：

　　注重对中国传统空间气质的研究，并在实践中有机植入，努力塑造既具现代精神又富于传统气质的作品，尤其注重塑造"院落"空间，将"院落"空间以多元的方式与建筑相结合，讲述得体、含蓄，不事夸张，强调建筑的精神内涵；注重规划与单体设计的系统性与整体性表达，注重城市空间界面的塑造。

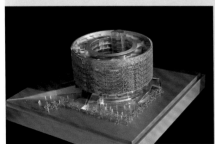

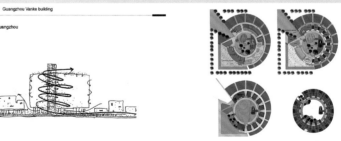

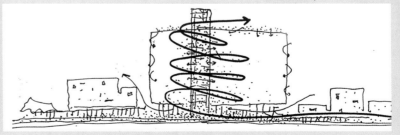

广州万科土楼概念方案-模型　　　　广州万科土楼概念方案-手稿

深圳华侨城金域华府1

贵阳保利花溪-展示中心

深圳华侨城金域华府2

深圳华侨城金域华府3

西安华侨城壹零捌坊-合院

西安华侨城壹零捌坊合院-《厅外有庭》

西安华侨城壹零捌坊

厦门华侨大学经管学院1

厦门华侨大学经管学院2

张正

性别：男
出生日期：1974年
工作单位：厦门合道工程设计集团有限公司
职称：国家一级注册建筑师、高级工程师

个 人 简 历：

毕业于福州大学，任职于厦门合道工程设计集团有限公司，现担任建筑设计研究院总建筑师，A06 工作室主任

主要工程设计作品：

厦门国家会计学院	福建中医学院图书馆
漳州城市规划展示厅	中国科学院城市环境研究所
福隆国际	天竺山接待中心
五缘湾特勤消防站	集美东岸滨水花园
水晶湖郡一期（Ⅱ标段）	莲北二期高层公寓
即墨宝龙城市广场	山语汀溪 4 号地块
特房 2011P22 地块方案设计	海峡大气探测中心基地
集美文体中心	

创 作 理 念：

运用地方材料，将传统工艺与现代技术结合，关注地域的气候特征，尊重地域传统的文化与生活方式，以具有时代性的表达，建造满足当代多样功能需求，又符合当地气候特征的实用、舒适的建筑。营造具有地域自然风貌特征与人文精神、具有地域认知与认同感的建筑。

在大量实用性的建筑（住宅、商业、学校等）中体现地域建筑的风貌，为改变千城一面的现状作出努力与探索。

古龙山语汀溪

海峡大气探测中心基地

集美轻工业学校

集美文体中心

水晶湖郡

西柯镇浦头村商业街

厦门海沧天竺山接待中心

莲北二期高层公寓

厦门五缘湾特勤消防站

张冰

性别：男
出生日期：1975年1月
工作单位：山东大卫国际建筑设计有限公司
职称：高级工程师、国家一级注册建筑师

个 人 简 历：

　　1994 年 9 月～1999 年 7 月　山东建筑工程学院建筑系
　1999 年 7 月～至今　山东大卫国际建筑设计有限公司总经理

主要工程设计作品：

　　兰州徐家湾黄河天街　　　　　临沂大学图书馆
　　宁夏金沙湾中华黄河坛　　　　山东电力集团鲁能中心
　　北京碧水源新中式生态小区　　山师附中幸福柳中学教学实验图书行政楼
　　山东省农科院

创 作 理 念：

　　诠释每座建筑所应承载的功能与个性内涵，是建筑师的必备手段。而建筑师的建筑真正为人所用、易用、好用才是建筑师的本分。

临沂大学图书馆　　　　　　　　　　　　　　　　　山东电力集团鲁能中心

山东省农科院创展中心附楼

北京碧水源新中式生态小区

兰州徐家湾黄河天街

山师附中幸福柳中学

宁夏金沙湾中华黄河坛

张晔

性别： 女
出生日期： 1972年1月
工作单位： 中国建筑设计研究院环艺室内所
职称： 教授级高级建筑师

个 人 简 历：

1994 年 6 月　毕业于重庆建筑大学建筑学室内设计专业

2003 年　取得清华大学建筑学院工程硕士学位

现任中国建筑设计研究院副总建筑师，中国建筑学会室内设计分会理事

主要工程设计作品：

青藏铁路拉萨站室内设计　　　　　　首都博物馆新馆室内设计

山东广电中心室内设计　　　　　　　福建广电中心室内设计

无锡市新区科技交流中心室内设计　　重庆国泰艺术中心室内设计

昆山文化艺术中心室内设计　　　　　妇女儿童博物馆室内设计

北京市大兴区文化中心室内设计　　　外研社大兴国际会议中心室内设计

雅昌彩印中心室内设计

创 作 理 念：

　　于我而言，设计有三个层次，层次之一是"为人解难"，设身处地的"为用而设计"，帮人实现实用、舒适、经济、易管、耐久的基础上，尽量发掘"用"的潜力；层次之二是"引人入胜"，怀着至诚之心策划空间的情境体验，让人在或愉悦、或尊威、或温暖、或宁实的体验之中，获得快乐、感动和精神上的满足；层次之三是"责以自律"，对历史的传承、与环境的交流、对自然的尊重，都是设计师的无法回避的社会责任。

福建广电中心

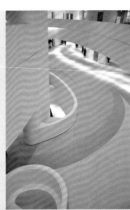

昆山艺术中心

山东广电中心

无锡新区科技交流中心

重庆国泰艺术中心

张琳

性别：男
出生日期：1968年10月
工作单位：深圳市建筑设计研究总院有限公司
职称：高级建筑师、国家一级注册建筑师

个 人 简 历：

1987 年 7 月 ~ 1991 年 7 月　哈尔滨建筑工程学院建筑系（现哈尔滨工业大学建筑学院），获学士学位
1991 年 7 月 ~ 1996 年 3 月　中国市政工程东北设计研究院，建筑室主任
1996 年 3 月 ~ 1997 年 9 月　中国市政工程东北设计研究院深圳分院
1997 年 9 月 ~ 2003 年 3 月　深圳市陈世民建筑师设计事务所，设计部经理
2003 年 3 月 ~ 2006 年 11 月　深圳市华博建筑设计有限责任公司，副总建筑师
2006 年 11 月至今　深圳市建筑设计研究总院有限公司

主要工程设计作品：

TCL 工业研究院大厦　　　　　　　　　　黄埔雅苑
深业花园　　　　　　　　　　　　　　　华强信息产业大厦（已建）
天津铁建大厦（已建）　　　　　　　　　布吉街道文化中心（未建）
陕西文化中心（未建）　　　　　　　　　深圳市机场客货码头（未建）
中山国际灯饰商城（在建）　　　　　　　东莞希尔顿酒店（在建）
长东北文化旅游产业园日本馆、韩国馆（在建）

创 作 理 念：

地域——是指建筑所处的地理位置、气候、人文历史、风土人情等客观因素。
空间——是建筑设计的根本，一切都要服从功能空间组织。
秩序——是指内部的空间组合必然形成外在的秩序和逻辑性。
技术——是指为了形成特定的空间及外在的秩序所采取的具体营造措施。

长东北文化旅游产业园日本馆、韩国馆　中山国际灯饰商城　　　深圳华强信息产业大厦　　诗乡唯中酒店

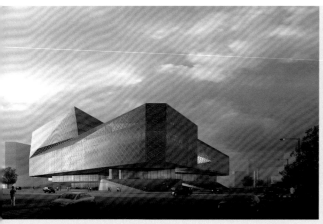

布吉街道文化中心　　　　　　　　　　　　　　　　　三亚市委大院改造项目

深圳机场客货码头客运楼　　　　　深圳奥德祥阁信息港工程

宝恒大厦　　　　　　　　　　中国船舶重工集团公司710所三亚接待中心

TCL工业研究院大厦　　　　　　　　　　　　　　　　天津铁建大厦

张键

性别：女
出生日期：1971年9月
工作单位：天津大学建筑设计研究院
职称：一级注册建筑师、高级工程师

个 人 简 历：

1995 年　毕业于天津大学建筑系建筑学专业
1995 年起　任职于天津大学建筑设计研究院，现任副总建筑师

主要工程设计作品：

保定阳光佳苑办公楼	滦州国际大厦
天津港务局办公楼	天津工业大学
天津梅江居住区住宅	天津信邦瑞景
天津利顺德大饭店修缮改造工程	舟山市沈家门小学

创 作 理 念：

　　建筑依托于其所处的环境，从来不能脱离建造背景孤立地存在，建筑的生成过程就是不同的材料、不同的营造手段在与建造背景相符的美学原则下以最适宜的方式和谐共生的过程，对建筑使用者的责任感、对建筑所处环境的责任感和对社会的责任感应贯穿始终。

保定阳光佳苑办公楼

滦州国际大厦室内

滦州国际大厦外观

天津信邦瑞景

天津利顺德大饭店修缮改造工程

天津工业大学1

天津工业大学2

舟山市沈家门小学　天津梅江居住区住宅1　天津梅江居住区住宅2　天津港务局办公楼

天津美术学院美术馆
东立面夜景　天津美术学院美术馆
主入口夜景

天津美术学院主入口外观　信邦瑞景1

小住宅1　小住宅2　信邦瑞景2

张秋实

性别：男
出生日期：1979年8月
工作单位：上海建筑设计研究院有限公司
职称：高级工程师

个 人 简 历：

1998 年 9 月～2003 年 6 月　哈尔滨工业大学建筑系建筑学专业，获建筑学学士学位

2003 年 9 月～2006 年 6 月　哈尔滨工业大学建筑学院建筑设计及其理论，获得建筑学硕士学位

2006 年 8 月～2008 年 3 月　上海建筑设计研究院有限公司策划创作部

2008 年 3 月～2009 年 3 月　上海建筑设计研究院有限公司经营策划部

2009 年 3 月～2011 年 3 月　上海建筑设计研究院有限公司方案创作所

2011 年 3 月至今　上海建筑设计研究院有限公司第二建筑事业部

主要工程设计作品：

乌克兰基辅第聂洛夫斯克区商业办公娱乐综合体建设工程（1&2 号地块）

迪拜 M1-035 地块写字楼　　　　　　　菏泽市图书馆

启东蝶湖酒店　　　　　　　　　　　　上海分院战略高技术研究技术保障条件建设项目

援非盟会议中心　　　　　　　　　　　长沙圣爵菲斯酒店

太仓市行政中心　　　　　　　　　　　湖南娄底仙女寨悠活国际度假酒店

复旦大学管理学院 22 世纪园区　　　　申亚亚龙湾 AC 地块项目

创 作 理 念：

　　建筑作品力求成为对特定时期特定地域以及特地基地一种对话。创作中，坚持通过对地域文化的考察和理解，赋予建筑文化内涵，从当代建筑的美学角度出发，以简洁流畅的建筑语汇为理念，在多视角上创造出饱满、流畅、具有雕塑之美的空间形体，运用现代的建筑材料，建造技术表现出极富张力与文化内涵的形态，卓尔不群。同时要注重城市空间品质的提升，通过区域性的项目建设为城市提高地块价值。

湖南娄底仙女寨酒店

湖南娄底仙女寨酒店大堂

Meydan City Block
M1-035(DUBAI)

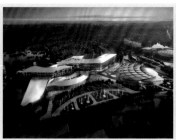

复旦大学管理学院
22世纪园区

申亚亚龙湾AC地块项目1

申亚亚龙湾AC地块项目2

上海分院战略高技术研究技
术保障条件建设项目鸟瞰图

复旦大学管理学院22世纪
园区广场方向效果

菏泽市图书馆

启东市蝶湖酒店主入口透视

启东市蝶湖酒店

菏泽市图书馆室内效果

太仓市行政中心

乌克兰基辅第聂洛夫斯克区商业办公娱乐综合体（1&2号地块）

援非洲联盟会议中心

李捷

性别：男
出生日期：1973年7月
工作单位：上海华东发展城建设计（集团）有限公司北京区域公司
职称：国家一级注册建筑师、高级工程师

个 人 简 历：

1998 年　毕业于湖南大学建筑系，获建筑学学士

1998 年　就职于北京市建筑设计研究院

2012 年　起任上海华东发展城建设计（集团）有限公司北京区域公司，总建筑师

"150 名建筑师在法国"项目建筑师

主要工程设计作品：

多哥共和国总统府　　　　　　　　　　　法国驻华大使馆新馆

太仓市文化艺术中心　　　　　　　　　　首都师范大学艺术教学楼

中央民族大学新校区　　　　　　　　　　天津中医药大学新校区

创 作 理 念：

建筑师职业本身早不再是"自由"职业，也不仅仅是个人的表演，建筑师的创造被赋予了更多的时代责任和社会责任。因此中国青年建筑师的自觉与自省对于发扬与实现中国本土之建筑显得尤为可贵和关键。

建筑创作的过程要求建筑师积极面对地域、城市、环境、建筑、文化、技术等各方面因素的交织、冲突与碰撞，并通过不断分析与梳理，以求达到地域文化与原创设计的结合、城市发展与可持续理念的结合、技术创新与工程实践的结合。

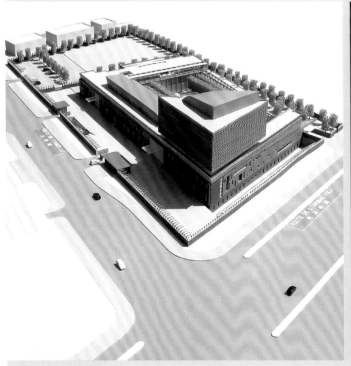

法国驻华使馆新馆

多哥共和国总统府东立面　　　　　　　　　　　多哥共和国总统府

大剧院夜景　　　　　　　　　　　　　首都师范大学艺术教学楼

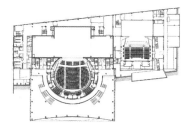

太仓市文化艺术中心平面图

太仓市文化艺术中心鸟瞰图　　　　　　　　　　太仓市文化艺术中心夜景

李大伟

性别：男
出生日期：1974年4月
工作单位：中国美术学院风景建筑设计研究院
职称：高级工程师

个 人 简 历：

2007 ~ 2009 年　中国美术学院建筑艺术学院，获硕士学位

1993 ~ 1997 年　内蒙古科技大学（包头钢铁学院）建筑系，获学士学位

中国美术学院风景建筑设计研究院，总建筑工程师

主要工程设计作品：

绍兴鲁迅故里二期（咸亨新天地）改造　　杭州白马湖生态创意城动漫广场

上虞金通华府十水涧　　　　　　　　　　杭州运河新城概念规划

上海世博会城市生命馆建筑部分　　　　　吴弗之艺术中心

杭州西湖创意谷

创 作 理 念：

　　建筑是社会文化的重要载体，她践行着社会的秩序，蕴藉着美的精神，悄然构建着独有的意义体系。建筑师不仅要实现功能，传递审美，更重要的是在于如何将无形的文化与意义有形化，使人们在居住与使用中感知、体验、接纳和践行这种文化与意义体系。

　　作为一个专业成长恰与社会发展同轨前进的 70 后建筑师，在技术把握了话语权的当下，深知把建筑真正做成精神家园绝非易事。因此，作品重在展现建筑的文化属性，关注居住者内心与自然的和谐统一，传递人与自然相生相化的精神理想，愿为中国本土建筑理论与实践发展方面做出个人的有益探索。

绍兴鲁迅故里二期（咸亨新天地）　　　　吴弗之艺术中心　　　　　　　杭州白马湖生态创意城动漫广场

上虞金通华府企业会所——十水涧

杭州运河新城概念规划

上海世博会城市生命馆建筑部分

杭州西湖创意谷

李少云

性别： 男
出生年月： 1971年10月
工作单位： 广州市城市规划勘测设计研究院
职称： 教授级高级工程师

个 人 简 历：

广州市天作建筑规划设计有限公司设计总监
广州市城市规划勘测设计研究院副总规划师
城市与建筑设计所所长
城市规划研究中心主任
国家一级注册建筑师
同济大学城市设计博士
华南理工大学建筑设计及其理论博士后

主要工程设计作品：

成都金沙艺术剧院旅游实景剧场和杂技剧场建设工程方案设计

广西桂林阳朔西街广场规划及建筑设计　　　　广州大学城广州大学建筑设计
广州二沙岛星海演艺集团新址办公楼建筑设计　广州市城市规划展览中心建筑设计
中国移动南方基地建筑设计　　　　　　　　　西安南门商业中心建筑设计
白云国际会议中心建筑设计　　　　　　　　　深圳珠江广场建筑设计
广州新城亚运体育馆综合和媒体中心建筑设计　阳朔遇龙河酒店建筑设计
广州国际纺织博览中心建筑设计　　　　　　　宁波国际贸易展览中心城市设计
成都沙河堡客运站片区城市设计　　　　　　　广州南沙东部滨海新城城市设计和控制性详细规划

创 作 理 念：

　　长期以来进行建筑设计和城市设计研究，尤其关注中国城市和建筑的本土化问题，不仅在理论研究方面有较系统性的成果，并将研究成果不断尝试运用于建筑设计和城市设计实践。

广州二沙岛星海演艺团新址办公楼1

广州二沙岛星海演艺团新址办公楼2

广州南沙东部滨海新城城市设计
和控制性详细规划——鸟瞰图

成都金沙艺术剧院旅游实景剧场和杂技剧场

广州逸景国际纺织博览中心

阳朔酒吧街

宁波国际贸易展览中心鸟瞰

广州市城市规划展览中心单体透视

深圳珠江广场建筑设计

西安南门商业中心

广西桂林阳朔西街广
场规划及建筑设计

杨明

性别：男
出生日期：1969年10月
工作单位：华东建筑设计研究院有限公司
职称：教授级高级建筑师、国家一级注册建筑师、注册规划师

个 人 简 历：

1992 年　毕业于同济大学建筑系获学士学位

1992 ~ 1995 年　就读于同济大学城规学院，师从戴复东教授城市设计方向获硕士学位

1995 年至今　华东建筑设计研究院有限公司工作

现任建筑创作所和城市设计研究部的总建筑师，并担任东南大学建筑学院客座教授、上海市建筑学会建筑设计专业委员会委员、上海市绿色建筑评价标识评审专家等社会职务

主要工程设计作品：

上海世博会沪上生态家　　　　　　　　上海虹桥商务区公共服务中心

成都金融总部商务区城市设计　　　　　上海紫竹科技园科学广场

长沙报业中心　　　　　　　　　　　　武汉四新生态新城方岛区域

古巴哈瓦那瓜蒂沙澎综合旅游区　　　　武汉光谷生态艺术展示中心

创 作 理 念：

秉持"建筑与城市并重"的设计原则，关注城市可持续更新的整体更新过程，在从低碳地区到绿色建筑的关联设计领域，积极实践"抵技整合"与"小尺度绿色"的设计理念，强调城市环境的公共性态度和适宜多样的建筑空间想象。

成都金融总部商务区城市设计

上海紫竹科学园科学广场

长沙报业中心

武汉四新生态新城方岛区域　　　　　　　　　　　　　古巴哈瓦那瓜蒂沙澎综合旅游区

上海世博会沪上生态家　　　　　　　　　　　　　　上海虹桥商务区公共服务中心

武汉光谷生态艺术展示中心

杨昕

性别：男
出生日期：1971年4月
工作单位：大连市建筑设计研究院有限公司
职称：教授级高级建筑师、国家一级注册建筑师

个 人 简 历：

1988 年 9 月 ~ 1992 年 7 月　沈阳建筑工程学院建筑系建筑学专业

1992 年 7 月 ~1993 年 9 月　大连市建筑科学研究设计院

1993 年 9 月 ~1996 年 6 月　深圳三木子设计技术有限公司

1996 年 6 月至今　大连市建筑设计研究院（有限公司）副总建筑师杨昕建筑师工作室主任

主要工程设计作品：

河南发展大厦　　　　　　　　　　　烟台喜来登大酒店

沈阳铁西万达广场　　　　　　　　　沈阳万达广场（太原街一期）改造项目

盘锦大商城市广场　　　　　　　　　沈阳奥体万达广场

抚顺万达广场等

创 作 理 念：

营造独特的建筑内外空间，提倡环境与建筑一体化设计，力求建筑技术与艺术的协调统一。注重地方文脉，建筑不是孤立的个体，单体建筑设计应考虑与周边城市群体的关系。

建筑设计不存在捷径，需要付出辛苦的努力。既要注重建筑美学的积累，又要擅长建筑技术的协调。

河南发展大厦全景

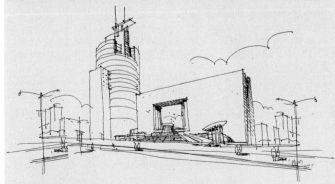

河南发展大厦透视草图

河南发展大厦竹林远眺主楼

河南发展大厦旗台近景　　　　　　　河南发展大厦窗细部　　　　　　　河南发展大厦天顶灯饰

沈阳铁西万达广场　　　　　　　　　　沈阳万达广场（太原街一期）改造

烟台喜来登大酒店室内　　　　　　　　烟台喜来登大酒店俯视夜景

烟台喜来登大酒店全景　　　　　　　　盘锦大商城市广场

杨亮

性别：男
出生日期：1969年4月
工作单位：四川西南标办建筑设计院有限公司
职称：一级注册建筑师、高级建筑师、总建筑师

个 人 简 历：

1991 年　毕业于重庆建筑工程学院建筑学专业
1991 年　就职于中国建筑西南设计研究院，历任海南分院总建筑师、设计所副总建筑师
2010 年　调至四川西南标办建筑设计院任总建筑师

主要工程设计作品：

成都天府软件园二期	四川科技馆	成都高新西区产业服务中心
青岛平度商业综合体	西藏柳梧客运站	建设银行成都生产基地

创 作 理 念：

　　建筑师应该是沉静的，即使处于喧嚣和躁动的世界。建筑师需要安静的思考建筑的场所精神、空间创造与体验、细部节点的精致刻画。建筑是有生命的，他会历经时间的考验，在不同时间带给人们不同的感受。当你体会到建筑的美寂静的凝固在时间的长河中，躁动的心最终会归于平静。

成都高新西区产业服务中心1

成都高新西区产业服务中心2

成都天府软件园二期1

成都天府软件园二期2

建设银行成都生产基地

青岛平度商业综合体

四川科技馆2

四川科技馆3

四川科技馆1

西藏柳梧客运站

沈晓恒

性别：男
出生年月：1970年5月
工作单位：深圳市建筑设计研究总院有限公司
职称：高级工程师

个 人 简 历：

1993 年　任职于深圳市建筑设计研究总院，现担任深圳市城市建筑与环境设计研究院院长、总建筑师

主要工程设计作品：

和记黄埔中航广场	深圳证券交易所
欢乐海岸	兰州新区政府办公楼
深圳世界大学生运动会主体育场	深圳曦城别墅区
东莞城市快速轨道交通线网控制中心综合体	恒大 Z10 地块单体建筑
昆明城投大厦	

创 作 理 念：

在全球化和知识经济的时代背景下，建筑的复杂性映射着社会经济的复杂性，并尝试将组织行为学引入到复杂项目的建筑创作实践中，通过空间策略规划等一系列工作，围绕项目需求实现设计的空间组织目标，这种空间组织方式赋予建筑一些"弹性空间"，使建筑始终与跳跃的时代背景紧密同步。

复杂项目的核心问题是"系统效率"，在设计中尝试将经济学的帕累托效率和卡尔多·希克斯改进理论置于建筑学背景下的复杂项目的设计创作，将复杂项目的设计艺术与系统效率的优化结合起来，它是一个将多种资源在空间和时间维度上进行整体优化配置的过程，使之达到一个高效平衡。

东莞城市快速轨道交通线网控制中心综合体　　　　和记黄埔中航广场　　　　昆明城投大厦

深圳大运会主体育场

恒大Z10地块单体

兰州新区政府办公楼

欢乐海岸

深圳曦城别墅区1

深圳证券交易所

深圳能源集团总部大厦

深圳曦城别墅区2

沈晓聪

性别：男
出生日期：1972年12月
工作单位：建盟工程设计（福建）有限公司
职称：国家一级注册建筑师、高级建筑师

个 人 简 历：

1993 年 7 月　福州大学工学学士
2012 年 4 月　米兰理工大学硕士
现任建盟工程设计（福建）有限公司执行董事、总建筑师
建筑师学会建筑理论与创作学组委员

主要工程设计作品：

厦门西郭 A09 项目城市综合体　　　　龙岩会议中心暨博物馆设计
厦门高崎国际机场三号候机楼扩建工程　厦门福隆·国际（住宅）设计
厦门科技创业广场　　　　　　　　　　厦门未来海岸水云湾
长沙汇金国际项目　　　　　　　　　　漳州一中体育馆
福州大学新校区项目　　　　　　　　　漳州市新百货大楼
厦门中山路名汇广场

创 作 理 念：

　　在建筑多元化的时代，"传承与创新"一直是建筑师创作的思想根基与源动力。无论建筑最终的结果如何不同，其方法论都是一致的，即正确地处理人与自然、人与城市、人与社会的和谐关系，在传承中弘扬本土地域文化，在创新中体现时代发展，二者有机的结合塑造出地域特色与现代元素精髓并存的建筑设计作品。

厦门西郭A09项目城市综合体　　　　　　　　　　　　厦门2009P05A09地块　　　　　六安大别山城市广场酒店

福州悦华酒店

厦门五缘湾P13项目

龙海云都城市综合体

福州琴亭湖项目

厦门科技创业广场

厦门高崎机场指挥中心业务楼

厦门高崎国际机场三号候机楼扩建工程

厦门五缘湾综合服务中心

厦门五缘湾游艇展示中心

陆诗亮

性别：男
出生日期：1972年2月
工作单位：哈尔滨工业大学建筑设计研究院总院
职称：副总建筑师、高级建筑师

个 人 简 历

1992 年～1997 年 哈尔滨建筑大学建筑学院建筑系，建筑学学士

1997 年～2006 年 哈尔滨工业大学建筑学院建筑系，工学博士，导师梅季魁

2007 年至今 哈尔滨工业大学土木工程学院，博士后，导师沈世钊院士

2006 年 10 月～2010 年 09 月 哈尔滨工业大学建筑学院，讲师

2010 年 9 月至今 哈尔滨工业大学建筑学院，副教授、硕士生导师

2011 年 3 月至今 哈尔滨工业大学建筑学院寒地建筑研究所，所长

2010 年 9 月至今 哈尔滨工业大学建筑设计研究院，副总建筑师

2010 年 9 月至今 哈尔滨工业大学建筑设计研究院创作研究院，指导教师

主要工程设计作品：

2013 年第 13 届全运会副主赛场大连市体育中心

第 13 届全国冬季运动会主会场新疆乌鲁木齐冰上项目体育中心

第 10 届全国民族运动会冰上项目主会场鄂尔多斯冰雪运动娱乐中心

2013 年第 13 届全运会分赛场丹东市体育中心

第 16 届广州亚运会排球馆广州大学城外语外贸大学体育中心

第 26 届深圳世界大学生运动会分赛场深圳大学城体育中心

2012 年国际著名的美国 EVOLO 摩天楼国际设计竞赛唯一的一等奖

湖北省宜昌市奥林匹克体育中心

创 作 理 念：

针对全国体育建筑建设热潮，提出基于低造价体育场馆建设理念，基于此理念长期从事大空间体育场馆的建筑创作与实践。

所作作品多基于经济制衡理论从城市经营角度出发，以低造价、弹性多功能复合设计思想贯穿始终，注重场馆赛后的社会效益运营与经济投入间的关系研究。近年主持参与设计的工程项目获得多项国家、省、部、院级优秀设计奖项。

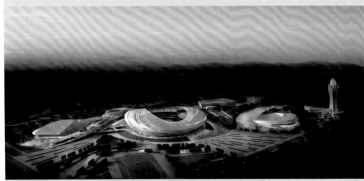

湖北省宜昌市奥林匹克体育中心

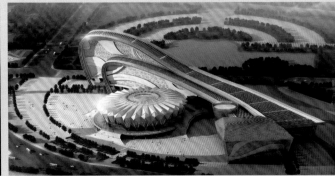

第10届全国民族运动会冰上项目主会场鄂尔多斯冰雪运动娱乐中心

2013年第13届全运会分赛场丹东市体育中心

第16届广州亚运会排球馆广州大学城外语外贸大学体育中心（照片）

2013年第13届全运会副主赛场大连市体育中心——体育馆室内照片（建设中）

第26届深圳世界大学生运动会分赛场深圳大学城体育中心——体育场

第26届深圳世界大学生运动会分赛场深圳大学城体育中心——体育馆

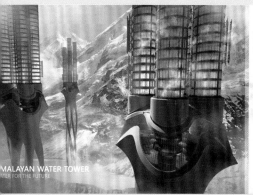

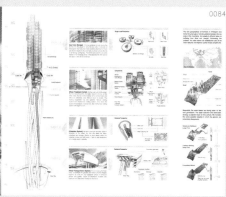

2012年国际著名的美国EVOLO摩天楼国际设计竞赛唯一的一等奖-1

2012年国际著名的美国EVOLO摩天楼国际设计竞赛唯一的一等奖-2

2013年第13届全运会副主赛场大连市体育中心

第13届全国冬季运动会主会场新疆乌鲁木齐冰上项目体育中心

陈炜

性别：男
出生日期：1969年11月
工作单位：深圳奥意建筑工程设计有限公司
职称：高级建筑师

个 人 简 历：

1988年9月~1993年7月　北京工业大学建筑系，建筑学专业

1993年　在深圳奥意建筑工程设计有限公司（原深圳市电子院设计有限公司）工作

主要工程设计作品：

长沙广电中心　　　　　　　　　　吴江盛泽行政及会展中心

东吴国际广场　　　　　　　　　　海雅新安湖商业中心

东莞御花苑2-4区住宅　　　　　　深圳香蜜湖第一生态苑（香蜜湖一号）

东海国际中心（一期）　　　　　　深圳龙岗天安数码创新园

赋安科技大楼　　　　　　　　　　苏州深国投商业中心

创 作 理 念：

　　建筑设计不应只是服务于小众或只是为满足部分人的个性需求的行为，更不应该只是个人理想的实现。建筑设计是为公众服务的一门科学艺术，它首先应承载的是社会责任。建筑应该是具有民族性和地域性的，是生长于自然而融于自然的。建筑设计不应一味地崇洋，而是要寻求内在的文化和科学的规律。当然，建筑设计也不应只是做到满足规范即可，还应该有更高的精神追求。

赋安科技大楼1

深圳龙岗天安数码创新园1

深圳龙岗天安数码创新园2

赋安科技大楼2

海雅新安湖商业中心

深圳现代商务大厦

金茂深圳JW万豪酒店

长沙广电中心

吴江盛泽会展中心

吴江盛泽行政中心

深圳香蜜湖第一生态苑（香密湖一号）

东吴国际广场

陈曦

性别：男
出生日期：1980年3月
工作单位：广州市设计院
职称：国家一级注册建筑师、高级工程师

个 人 简 历：

1998 年 9 月至 2003 年 6 月　就读于湖南大学建筑系，获得本科学历、建筑学学士学位

2003 年 9 月至 2006 年 6 月　就读于华南理工大学建筑学院，获得研究生学历、建筑设计及其理论硕士学位

2006 年 7 月至今　在广州市设计院第五设计室工作，任总建筑师

主要工程设计作品：

南越王宫博物馆　　　　　　南沙体育馆

满世时代广场　　　　　　　广发大厦

广州市殡葬服务中心骨灰楼 A 栋　　　美华国际金融中心

创 作 理 念：

优秀的建筑师应当总是能够创造性的寻求解决各种问题的方案，执着的坚持设计理想。

满世时代广场

南沙体育馆1

广发大厦1

南沙体育馆2

广发大厦2

美华中心1

美华中心2

广州市殡葬服务
中心骨灰楼A栋1

广州市殡葬服务中心骨灰楼A栋2

南越王宫博物馆1

南越王宫博物馆2

南越王宫博物馆 3

陈志青

性别：男
出生日期：1967年10月
工作单位：浙江省建筑设计研究院
职称：教授级高级工程师、国家一级注册建筑师

个 人 简 历：

1990 年　毕业于湖南大学建筑系

1990 ～ 1994 年　原机电部第二设计研究院

1994 年至今　浙江省建筑设计研究院，第六设计所所长

主要工程设计作品：

台州市中心医院　　　　　　　平阳县人民医院

台州市第一人民医院　　　　　浙江省中医院下沙院区

东阳市人民医院　　　　　　　苍南县人民医院

永康市第一人民医院　　　　　杭州市儿童医院

台州恩泽医疗中心　　　　　　温州医学院附属第二医院

浙江大学医学院附属义乌医院

创 作 理 念：

　　在医疗设计领域进行了一些实践探索，对就诊功能、医疗环境，高效、便捷、绿色医院设计理念，进行深入发展，医院设计理念不断地进行探索创新。

平阳县人民医院

乐清市中心区总部经济园总体

苏州新区科技创业园创业大厦　　　　　　台州市第一人民医院　　　　　　乐清市中心区总部经济园二期

台州市中心医院　　　　　　　　　　　　　　杭州天辰国际广场

运河广场　　　　　　　　　　　　　　　　永康市第一人民医院

陈剑飞

性别： 女
出生日期： 1975年2月
工作单位： 哈尔滨工业大学建筑设计研究院
职称： 高级建筑师

个 人 简 历：

1992年9月～1997年7月　就读于哈尔滨建筑大学建筑系，获建筑学学士学位

1997年9月～2000年7月　就读于哈尔滨工业大学建筑学院建筑学专业，硕士研究生

2000年9月～2005年7月　就读于哈尔滨工业大学建筑学院建筑学专业，获工学博士学位

2005年10月～2010年6月　任职于哈尔滨工业大学建筑设计研究院，担任创作研究院院长，2007年4月被
哈尔滨工业大学建筑学院聘为硕士生导师

2010年5月至今　担任哈尔滨工业大学建筑设计研究院，副院长、副总建筑师

主要工程设计作品：

哈尔滨国际会展体育中心	通辽市行政办公中心
黑龙江省图书馆	营口市中心医院
哈尔滨工业大学二校区教学主楼	辽宁警官学院
大连市体育中心网球场	东北财经大学研究生教学楼
大连市体育中心训练基地	沈阳八王寺地块规划设计
大连市长兴岛体育中心	哈尔滨北亚物流园区
沈阳药科大学新校区	黑龙江省博物馆新馆
中央党校大庆教学基地暨大庆市委党校	大连民族学院体育馆
东北林业大学材料信息教学楼	东北农业大学艺术教育中心
大连交通大学旅顺校区	中国海洋大学综合体育馆
大连民族学院金石滩校区	大冬会亚布力国际广播电视中心
哈尔滨工业大学科学园	沈阳世界文化与自然遗产博览会展演馆

创 作 理 念：

非常注重业务水平的不断提高，紧跟学术前沿，广泛进行国际间的技术合作与交流，在寒地建筑、会展建筑、体育建筑、校园建筑领域潜心研究，不断进取，表现出青年建筑师良好的业务素质。

辽宁医学院新校区

哈尔滨国际会展中心

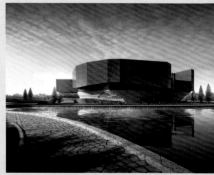

金牛山人类遗址博物馆日景透视图

黑龙江省图书馆新馆1　　　　　　　　大连市体育中心运动员训练基地

大连市体育中心网球场夜景透视图

大连民族学院　　　　　　哈尔滨工业大学第二校区主楼

伊春市书画中心鸟瞰图　　　　　哈尔滨国际会展体育中心　　　　　黑龙江省图书馆新馆2

陈剑秋

性别：男
出生日期：1970年11月
工作单位：同济大学建筑设计研究院（集团）有限公司
职称：国家一级注册建筑师、香港建筑师学会会员资格、高级工程师

个 人 简 历：

1993 年 7 月　毕业于同济大学建筑学专业本科，获学士学位

1999 年 3 月　毕业于同济大学建筑设计与理论研究生，获硕士学位

现就职于同济大学建筑设计研究院（集团）有限公司，同济大学硕士研究生导师

主要工程设计作品：

上海市委党校二期工程	体育馆工程设计
绿色建筑咨询与科研	东莞大剧院
上海自然博物馆设计	绿色建筑咨询与科研
上海保利大剧院	同济大学大礼堂保护与改建
上海瑞金宾馆洲际酒店	合肥大剧院
中石化西北石化大厦	上海市第一人民医院改扩建工程
南浔开元国际度假中心	刘海粟美术馆迁建工程
黄山元一希尔顿酒店	上海崧泽遗址博物馆
上海保利凯悦酒店综合体	遵义大剧院
江阴澄星万豪酒店综合体	遂宁大剧院
徐州华厦万豪酒店综合体	华东师范大学体育楼、文化中心
海口客运总站及商业综合体	温州大剧院　　　　　　　　　　广州南沙新客运港

创 作 理 念：

　　在工程设计实践中，一直把绿色建筑与大型公共建筑这两个当代中国重要的建筑课题有机结合，为两者未来的发展提出新的道路。同时，在文化建筑项目中，强调文化建筑的城市意义与社会价值；在宾馆建筑设计中，着墨建筑与周边城市环境或自然环境的应对、体验与贡献；在城市交通综合体设计中，创造性地结合人流车流与商业活动、深入思考交通建筑地域性和标志性的有机结合。

　　在中国快速发展的建筑行业的环境中，抱着对于城市、公众和社会负责的态度，通过建筑设计实践，提升建筑使用者乃至城市使用者的日常生活体验。并把这一专业态度，作为薪火相传的共识传递给整个设计团队。

海口客运总站及商业综合体

上海市委党校体育馆

遵义大剧院

刘海粟美术馆迁建工程

上海市委党校二期

同济大学大礼堂保护与改建

上海瑞金宾馆洲际酒店

上海崧泽遗址博物馆

华东师范大学体育楼、文化中心

遂宁大剧院

合肥大剧院

上海自然博物馆

周勇

性别：男
出生日期：1977年9月
工作单位：中国城市规划设计研究院建筑设计所
职称：中级

个 人 简 历：

1996 年 9 月 1 日～2001 年 7 月 1 日　北方工业大学建筑学院，工学学士

2001 年 9 月 1 日～2004 年 1 月 1 日　北京建筑工程学院建筑系，建筑学硕士

2004 年 1 月 1 日～2006 年 1 月 15 日　中国城市规划设计研究院建筑设计所，助理建筑师

2006 年 3 月 20 日～2009 年 11 月 11 日　斯图加特大学建筑系城市设计研究所，助教、在读博士生

2010 年 1 月 18 日至今　中国城市规划设计研究院建筑设计所，国家一级注册建筑师

主要工程设计作品：

安徽省淮南市黎明东村（山水居）住宅小区规划及建筑设计

青海省玉树县当代滨水商业区建筑及景观设计

青海省玉树县德宁格自建区规划与建筑设计

甘南文化中心建筑设计

甘肃省舟曲县峰迭新区详细规划与建筑设计

青海省玉树县胜利路组团 III 方案设计

青海省坎布拉旅游度假区俄家台旅游服务基地博物馆建筑设计

西安骊山新家园住宅小区规划及建筑设计

创 作 理 念：

　　对于平面功能，喜欢简捷、高效且实用；对于尺度体量，我希望亲切宜人并且忠实反映内部功能关系；对于细部装饰，我欣赏优雅得体，相信过犹不及；对于材质色彩，我习惯发掘本土做法和地域元素回归本真；对于传统规制，我崇尚通过不断地学习领悟，以简约、质朴的向历史致敬。

北川新县城规划与建筑设计

青海省玉树州结古镇德宁格统规自建区1

青海省玉树州结古镇当代滨水商业区鸟瞰图

青海省玉树州结古镇胜利路商住组团三规划与建筑设计

青海省玉树州结古镇德宁格统规自建区 2

甘肃省甘南藏族自治州文化中心

青海省玉树州结古镇德宁格统规自建区 3

河北省宽城满族自治县文化中心

庞波

性别： 男
出生日期： 1967年2月
工作单位： 广西华蓝设计（集团）有限公司
职称： 一级注册建筑师、教授级高级建筑师

个 人 简 历：

　　1991 年　开始从事建筑设计，从平凡的建筑师开始，历任设计所主任建筑师，所总建筑师，建筑专业院总建筑师，现任广西华蓝设计集团有限公司总建筑师。

主要工程设计作品：

广西大学行健文理学院	广西大学新闻出版人才培养基地大楼	广西规划馆
广西科技发展大厦	广西民族大学相思湖学院	来宾市体育馆
广西师范大学雁山校区图书馆	广西体育中心体育场	青秀山凤凰阁
广西体育中心体育馆	中国—东盟商贸物流中心 B 座	南京市第五人民医院
南宁市社会应急联动中心		

创 作 理 念：

　　建筑创作中以"适为美"为原则，认为建筑之美在于"适合"，适合环境，适合人，适合气候，适合文化，适合生活……
　　人是建筑的目的，使用建筑的人是建筑美最基本的尺度和标准。
　　建筑无法孤立于生活，始终坚持创作源于生活，建筑可以改变生活丰富生活。
　　建筑服务社会，为社会的各类活动提供场所和空间，建筑的问题也是社会的问题，关注社会能让建筑更加贴近社会。
　　建筑是文化的载体，它记忆着人类的社会的方方面面。

广西体育中心主体育场1　　广西体育中心主体育场2

广西规划馆1　　　　　　广西规划馆2

广西大学新闻出版人才培养基地大楼　　南宁市社会应急联动中心　　　　　　　　　　　来宾市体育馆

广西体育中心体育馆　　　广西大学行健文理学院　　　　　　　广西民族大学相思湖学院

广西师范大学雁山校区图书馆

南宁市第五人民医院　　中国 —— 东盟商贸物流中心B座　　　广西科技发展大厦　　　　　青秀山凤凰阁

罗文兵

性别：男
出生日期：1968年8月
工作单位：云南省设计院
职称：国家一级注册建筑师　教授级高级建筑师

个 人 简 历：

1990 年 7 月　毕业于云南工学院建筑学本科
1990 年 7 月至今　云南省设计院从事建筑设计，历任任建筑专业组长、主任建筑师、副所长、建筑分院副院长、院副总建筑师

主要工程设计作品：

丽江悦榕酒店	普洱市文化中心、行政中心
丽江市玉龙县行政中心	昆明和谐广场
云南省中医学院新区	云南省海埂会议中心会议厅、综合游泳馆
云南开放大学新区	

创 作 理 念：

　　作为本土建筑师，多年来一直立足我省丰富的自然条件和历史文化，在大量实际工程中积极尝试和摸索现代建筑的地域化创作之路，采用"钻进去，走出来"的方法，在进行工程实践。树立"莫以物小而不为"的观念，倾心设计、精耕细作；从地域性、文化性、时代性、经济性、环境景观等方面，综合思考建筑的本质和表现形式；着重于建筑文化的推广与传播，力求在历史文化传承与发展、自然环境保护与建设的冲突中寻求建筑的定位与特色。让建筑及建筑设计能切实服务于大众和经济建设活动。

普洱文化中心1

普洱文化中心2

普洱文化中心3

普洱文化中心4

普洱文化中心5

悦榕庄酒店1　　　　　　悦榕庄酒店2　　　　　　悦榕庄酒店3

悦榕酒店酒店外景　　　　悦榕酒店中央水景　　　　悦榕酒店客房　　　　悦榕酒店中庭

悦榕酒店细部1　　　　　悦榕酒店细部2　　　　　悦榕酒店细部3　　　　悦榕酒店细部4

云南中医学院1　　　　　云南中医学院2　　　　　丽江玉龙县行政中心

郑少鹏

性别：男
出生日期：1977年5月
工作单位：华南理工大学建筑设计研究院
职称：一级注册建筑师、工程师

个 人 简 历：

2001 年　毕业于华南理工大学建筑学院，获建筑学学士

2001 年起　就读于华南理工大学建筑设计研究院，师从何镜堂院士 2002 年转入直接攻读博士，研究方向为现代建筑设计及其理论，在学期间完成大量校园规划与文化建筑工程实践，其中多项获得国家及省部级奖项 2008 年获博士学位，留校工作

2008 年至今　于华南理工大学建筑设计研究院工作一室

主要工程设计作品：

汶川大地震震中纪念地　　　　　　　　　天津博物馆

"记忆·希望" 5.12 汶川地震纪念广场　　华南理工大学松花江路历史建筑更新改造

广州大学城校区组团二规划　　　　　　　广州大学城华南理工大学院系办公实验楼群

浙江大学紫金港校区东教学组团　　　　　天津滨海新区文化中心及美术馆方案设计

石家庄正定新区中心公园周边地块综合设计。

创 作 理 念：

环境·建筑·人

建筑作为人介入环境的一种方式，应以理性的态度在人与环境间、在空间与精神上寻找建立最佳的对话机制和对话方式，使得环境因建筑的介入而获得新的内涵与特质，人因建筑的存在而获得更高层次的空间体验和精神共鸣。

"记忆·希望" 5.12汶川地震纪念广场

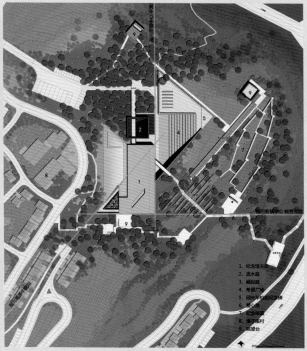

汶川大地震震中纪念地1

汶川大地震震中纪念地2

汶川大地震震中纪念地总平面与场地控制线

华南理工大学松花江路历史建筑更新改造1　　华南理工大学松花江路历史建筑更新改造2

天津滨海文化中心美术馆　　华南理工大学松花江路历史建筑更新改造3

天津博物馆1　　天津博物馆2

华南理工大学院系办公实验楼群1　　华南理工大学院系办公实验楼群2

侯朝晖

性别： 男
出生日期： 1968年10月
工作单位： 山东省建筑设计研究院
职称： 应用技术研究员、建筑总工程师

个 人 简 历：

1990 年　毕业于东南大学建筑系，建筑学专业，获学士学位

2006 年　获天津大学硕士学位

1990 年至今　山东省建筑设计研究院　总工工作室主持人

主要工程设计作品：

京沪高铁济南西客站站房工程　　　　　　山东影视职业学院

山东电子职工技术学院新校区　　　　　　山东莒县博物馆

山师附中幸福柳院校

创 作 理 念：

注重专业素养的不断提高和文化底蕴的积累，逐渐专注于"源于环境、源于文化、务实创新"的理念追求，主持创作了多项有时代及地域、文化特色的建筑，获各方面积极认可。

诸城博物馆

京沪高铁济南西客站站房工程

山东广播影视职业学院

广西中医药学院

莒县博物馆

老年人活动中心

宿州市立医院

新疆岳普湖文化中心

山东电子职业技术学院

胡慧峰

性别：男
出生日期：1968年2月
工作单位：浙江大学建筑设计研究院
职称：高级工程师

个 人 简 历：

1986年9月~1991年7月　浙江大学建筑系建筑学专业学习，并获学士学位

1991年8月至今　浙江大学建筑设计研究院三所（现为三院）从事建筑设计工作

1995年9月~2000年6月　浙江大学建筑系完成研究生学习并获建筑学硕士学位

2000年12月　获高级建筑师职称；同年被任命为主任建筑师

2002年2月~2003年2月　担任三所副所长

2003年2月~2013年1月　担任三所所长，副总建筑师

2011年　被选为浙江省体育场馆协会副会长

2013年2月至今　担任第三建筑设计研究院院长兼设计总监

现任浙江大学建筑设计研究院三院院长、设计总监，兼任浙江省体育场馆协会副会长，高级建筑师

主要工程设计作品：

宁波天一阁博物馆古籍库房扩建工程　　　　　　杭州市第二中学新校区

中国井冈山干部学院　　　　　　　　　　　　　嵊泗海洋文化中心

杭州金成江南春城竹海水韵南区荷塘轩芦花洲组团　　宁海县图书馆

创 作 理 念：

　　坚持设计前的思考，学会冷静地辨识，什么是建筑物（群）作为被使用的本体需求和被认知的客体价值。

　　坚持持续探索，如何寻求、建立项目的被使用本体需求和被认知的客体价值间的设计连接和适宜的表达。

　　反对忽视或抛弃建筑物（群）被使用本体需求，肤浅或者夸大地追求其被认知的客体价值，也即反对舍本求末，或者过度设计。

　　辨识，平衡，连接，创造，是其想要的职业建筑师状态。

重庆医科大学缙云校区规划

通州市体育中心

浙江安吉博物馆

宁波天一阁博物馆
古籍库房扩建1   宁波天一阁博物馆古籍库房扩建2   宁波天一阁博物馆古籍库房扩建3   宁波天一阁博物馆古籍库房扩建4

北仑科技文化中心

杭州金成江南春城竹海水
韵南区荷塘轩芦花洲组团   嵊泗海洋文化中心   杭州市第二中学   中国井冈山干部学院

 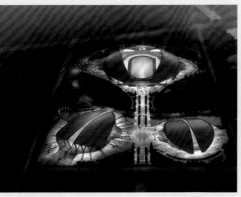 

浙江财经学院体育中心   金华市体育中心   黄龙体育中心游泳跳水馆

钟中

性别：男
出生日期：1972年6月
工作单位：深圳大学建筑设计研究院、深圳大学建筑与城市规划学院
职称：副教授、国家一级注册建筑师

个 人 简 历：

1996 年　毕业于深圳大学建筑系获建筑学学士学位

2000 年　毕业于深圳大学建筑与土木工程学院建筑系获工学硕士学位

1996 年至今起　任职于深圳大学建筑设计研究院

先后担任建筑师、室副主任、工作室主持人、室主任、院长助理、副院长等职务

现任深圳大学建筑设计研究院副总建筑师、Z&ZSTUDIO 建筑工作室主持人

深圳大学建筑与城市规划学院副教授、硕士研究生导师

主要工程设计作品：

深圳实验学校小学部	海口城市海岸
北京国家大剧院国际竞标	昆明时代广场
深圳市盐田区行政文化中心	广西工学院科教中心
宁波新闻文化中心	常州万泽大厦
深圳百仕达红树西岸	深圳宝安大浪行政服务中心
昆明时代小镇	

创 作 理 念：

　　主张在环境、功能、空间、形式、技术五方面对设计创作进行综合诠释；创作应关注"天时、地利、人和"三者的多因素平衡，而非仅仅"功能"与"形式"之间的辩证关系；创作应反映最新的时代科技与材料水平（天时）、适应所处的环境和气候特点（地利）、满足使用者对功能、空间、形式的需求及变化（人和）；创作不但是个人行为，更依靠团队合作体现集体意志。

海口城市海岸

昆明时代小镇

常州万泽大厦

宁波新闻文化中心

广西工学院科教中心

深圳实验学校小学部

北京国家大剧院国际竞标

深圳市盐田区行政文化中心

深圳宝安大浪行政服务中心

深圳百仕达红树西岸

昆明时代广场

钟洛克

性别：男
出生日期：1974年5月
工作单位：重庆市设计院第四建筑设计院
职称：教授级高级建筑师

个 人 简 历：

1997 年　青岛建筑工程学院毕业

1997 年　就职于重庆市设计院，从事规划、建筑设计及管理工作

历任方案创作所所长、第五建筑所所长、A5 工作室主任等职务

现为教授级高级建筑师、副总建筑师及第四建筑设计院院长

主要工程设计作品：

重庆国宾馆　　　　　　　　　　北京渔阳饭店改扩建工程

重庆雾都宾馆改扩建工程　　　　重庆北山紫苑豪生酒店

重庆软件园一期工程　　　　　　重庆天和国际中心

重庆群众艺术馆新馆　　　　　　重庆软件园一期

重庆工业博物馆　　　　　　　　四川省南充市行政中心

香港大浦船湾海岸别墅区

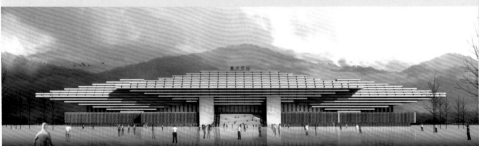

重庆火车站西站1

四川省南充市行政中心

重庆北山紫苑豪生酒店

香港大浦船湾海岸别墅区

重庆雾都宾馆　　　　重庆天和国际中心　　　　重庆银行大厦　　　　重庆工业博物馆及创意产业园

重庆西部公共事业服务中心　　　　　　　　　　　　　　　北京渔阳饭店

重庆群众艺术馆新馆　　　　　　　　　　　　　　　　重庆国宾馆

重庆软件园一角

涂舸

性别：男
出生日期：1970年2月
工作单位：四川省建筑设计院
职称：高级建筑师

个 人 简 历：
1993年　毕业于浙江大学建筑学专业
现为四川省建筑设计院常务副总建筑师，国家一级注册建筑师、高级建筑师

主要工程设计作品：

华西临床科教楼	成都市青羊区培风小区配套小学
大邑安仁中学	人民南路改造华西片区设计
川投调度中心	绿洲小学
极地海洋公园海洋馆	

创 作 理 念：
持整体设计观、关注业主的价值和社会的责任、体现地域特色和可持续性。设计强调严密的综合分析，进行一切可能性的设计比选并力求跟进到设计成果完美的实现。

成都市同辉（国际）小学

人民南路改造华西片区设计

安仁中学

川投调度中心

非遗五洲情

华西临床科教楼

绿洲小学

莫修权

性别：男
出生年月：1975年2月
工作单位：清华大学建筑设计研究院有限公司
职称：高级工程师、国家一级注册建筑师

个 人 简 历：

1993 年 9 月～ 1998 年 7 月　在清华大学建筑学院学习，获建筑学学士学位，并荣获清华大学优秀毕业生称号

1998 年 9 月～ 2003 年 6 月　入清华大学建筑学院建筑设计及其理论专业，直读博士研究生，师从关肇邺院士，获博士学位

2003 年 7 月至今，在清华大学建筑设计研究院担任建筑师，从事建筑设计工作

2007 年 1 月至今，担任清华大学建筑设计研究院综合设计三所副所长

主要工程设计作品：

天安门广场空间环境研究及地下空间利用 国家自然科学基金项目

甘肃工业大学逸夫楼　　　　　泰州体育馆　　　　　　　泰州博物馆　　　　　　　北京和华嘉园

郑州大学新校区医学院组团 – 公共卫生学院　　　　　郑州大学新校区医学院组团 – 药学院

成都金沙遗址博物馆文物陈列馆　　　　　　　　　成都新体育中心

盐城城南新区商务办公区城市及建筑设计　　　　长沙 MOMA 居住区

克拉玛依图书馆　　　　　　　克拉玛依文化馆　　　　　宁波嘉禾保险大厦　　　　南开大学图书馆

交通部公路院试验场规划　　　中央组织干部培训学院校园规划

华能石岛湾核电站厂前区规划及建筑工程　　　　新疆高等工业专科学校新校区规划

宁夏地质博物馆　　　　　　　9107 工程　　　　　　　　北京科技大学国家科学中心

中国农业大学图书馆　　　　　中铁集团办公楼（180 米超高层）　　　　　泰州市人力资源大厦

华能集团林芝基地规划及建筑设计　　　　　　　华中师范大学综合教学实验楼等

长城金融大厦（180 米高）　　　　　　　　　　渤海船舶职业学院新校区规划及建筑设计

中央民族大学体育馆，行政楼　　　　　　　　　华能石岛湾核电站厂前区二期工程规划及建筑设计

北京交通大学新校区规划设计

华能石岛核电厂综合办公楼　　　　华能石岛核电厂

金沙遗址博物馆文物陈列馆1　　　　金沙遗址博物馆文物陈列馆2　　　　金沙遗址博物馆文物陈列馆3

宁夏地质博物馆1　　　　宁夏地质博物馆2

郑州大学医学院1　　　　郑州大学医学院2　　　　成都体育中心鸟瞰

贾新锋

性别：男
出生日期：1969年5月
工作单位：郑州大学
职称：副教授

个 人 简 历：

1987-1991 年　郑州工学院建筑系，获学士学位

1996-1999 年　郑州工业大学建筑系，获硕士学位

2003-2012 年　同济大学建筑与城市规划学院获博士学位

1991 至今　郑州大学（郑州工学院）建筑学院 副教授，硕士生导师

主要工程设计作品：

河南大学体育训练馆　　　　　　　　　　　　河南省老干部活动中心方案设计

郑州经贸职业学院规划与建筑方案

创 作 理 念：

　　在建筑设计中，强调"适用、经济、美观"的建筑基本原则；使用符合中原地区经济、技术条件与气候特征的基本建筑材料和基本建造技术；建筑在空间与形态组织上，注重适度反映地域文化特征的现代表达，注重建筑形态意义的价值。

河南大学体育训练馆

河南省老干部活动中心1

河南省老干部活动中心2

郑州经贸职业学院1

郑州经贸职业学院2

郭胜

性别： 男
出生日期： 1969年7月
工作单位： 广东省建筑设计研究院
职称： 高级工程师

个 人 简 历：

1990 年 7 月　华南理工大学毕业

1990 年 7 月至今　广东省建筑设计研究院工作

1999 年 ~2004 年　进入机场设计专组担任建筑专业负责人，从方案到机场开航

2002 年 7 月　广东省社会科学院经济管理学研究生毕业

2005 年　担任广东省建筑设计研究院机场设计院副院长

2008 年 12 月　担任中国建筑学会室内设计分会理事会理事

主要工程设计作品：

广州新白云国际机场航站楼　　　　　　　　武汉火车站

惠州金山湖游泳跳水馆　　　　　　　　　　广州科学城科技人员公寓

广州市花都区亚运新体育馆（花都东风体育馆）　中国工商银行江门分行办公大楼

广州地铁 1 号线广州东站　　　　　　　　　AEC14 建筑设计软件

创 作 理 念：

　　设计过程不应该为世界制造垃圾，理想的设计慢起步，随客户的需求而不断改进，设计者应该像"漫长十月怀胎"一样慢慢筹划项目，利用充裕时间调查各种质量、需求。设计是人文情感互动的过程，而不应仅仅注重社会风格。设计的出发点很吸引人，但同时也很艰巨。美观可以说源于贴切的设计。

广州白云机场T2效果图

武汉火车站（武广高铁站）1

武汉火车站（武广高铁站）2

科技人员公寓1

科技人员公寓2

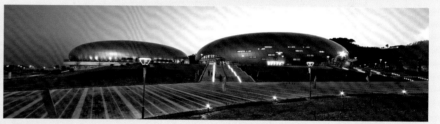

花都亚运体育馆2

花都亚运体育馆1

花都亚运体育馆3

惠州金山湖跳水馆1

惠州金山湖跳水馆2

黄花湖公寓酒店鸟瞰

顾志宏

性别：男
出生日期：1974年8月
工作单位：天津大学建筑设计研究院
职称：国家一级注册建筑师、国家注册城市规划师

个 人 简 历：
天津大学建筑设计规划研究总院副总建筑师
方案创作中心顾志宏工作室总监

主要工程设计作品：

曹妃甸国际论坛永久会址　　　云南中医学院新校区
陕西师范大学综合实验楼　　　重庆妇女文化中心
天津大学体育场　　　　　　　诸暨海亮教育园区
西安工业大学图书馆　　　　　西安工业大学新校区

创 作 理 念：
　　多年来，顾志宏带领工作室年轻的设计团队，在建筑设计和校园规划两个方面做了大量富有创新精神的工作。在设计实践中形成了"东方的浪漫主义情怀"的设计风格，并创造性地提出了"表意性未知结构"的设计理论和方法，希望通过对人的审美意识中精神因素和经验概念作用的有效引导，利用具有一定文化意义的深层表意性手段，创造一个具有开放性和未知性的大众建筑审美结构，以达到雅俗共赏的审美情趣和富有乐趣的审美体验。

曹妃甸国际论坛永久会址

天津大学体育场

陕西师范大学综合实验楼1　　陕西师范大学综合实验楼2　　陕西师范大学综合实验楼3　　西安工业大学新校区

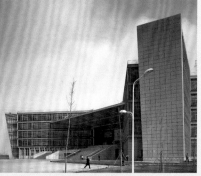

云南中医学院新校区　　　　　西安工业大学图书馆　　　　　　重庆妇女文化中心

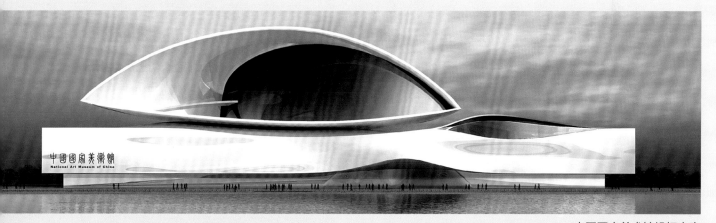

中国国家美术馆投标方案

诸暨海亮幼儿园　　　　　　　　　　　　诸暨海亮教育园区

高安亭

性别：男
出生日期：1978年6月
工作单位：中信建筑设计研究院有限公司（原武汉市建筑设计院）
职称：国家一级注册建筑师、高级建筑师

个 人 简 历：

1999 年　毕业于华中理工大学建筑学系建筑学专业，获建筑学学士学位

1999 年 7 月至今　进入中信建筑设计研究院有限公司（原武汉市建筑设计院），现任中信建筑设计研究总院有限公司副总建筑师、第四设计院首席建筑师

主要工程设计作品：

南宁东火车站	贵阳北火车站
鄂尔多斯火车站	四川灾后重建广元火车站
湖北省图书馆新馆	武汉新城国际博览中心会展展馆
湖北省体育局训练竞赛基地场馆工程	孝感市文化中心
柳州市柳东新区文化广场	国家光电子信息产品质量监督检验中心
武汉农村商业银行金融后台服务中心	连云港职业技术学院

创 作 理 念：

做的越久，越发觉自己的迟钝，学得越多，越发现自己的无知。好在还有热情，对建筑专业的热情，有了它，就能支撑起自己，不断追求新知，不断砥砺前行。

南宁东火车站

贵阳北火车站

武汉农村商业银行金融后台服务中心

孝感市文化中心

柳州市柳东新区文化广场

连云港职业技术学院

湖北省体育局训练竞赛基地场馆工程

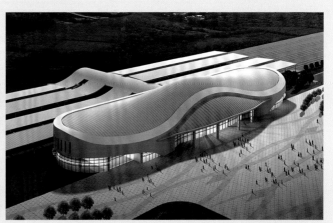
鄂尔多斯火车站

武汉新城国际博览中心会展展馆

湖北省图书馆1

湖北省图书馆2

国家光电子产品质量监督检验中心

高朝君

性别：男
出生日期：1967年1月
工作单位：中国建筑西北设计研究院华夏建筑设计研究所
职称：教授级高级建筑师、国家一级注册建筑师、西安建筑科技大学硕士生导师

个 人 简 历：

1989 年 7 月　毕业于武汉城市建设学院
1989 年至今　就职于中国建筑西北设计研究院

主要工程设计作品：

登封嵩山峻极阁　　　　　　　　　　　榆林中瀛文化广场
安康南宫山酒店　　　　　　　　　　　陕西丹凤棣花文化旅游区
嵩山少林景区入口工程　　　　　　　　登封中医院门诊楼
嵩山文化遗产展示及管理中心

创 作 理 念：

　　传统建筑的继承及发展应该是多元化的，在尊重传统的基础上更应创新。必须注重传统中的现代意境和现代中的传统结构潜在的情感秩序，使中国传统建筑的环境观、传统建筑的空间意识及审美观、传统建筑的形象美学观，与时代发展观、现代功能需求及审美需求相结合，通过现代技术作结构支撑，从诗、书、画、园林等艺术体系方面作为对话渠道，进入其精神融合的领域，进而在设计中才能创造出某中特有的意境，才能抛弃外观形象上的束缚，才能把握住传统建筑现代化、现代建筑地域化的脉搏，继而才能创造出具有原创性、本土化的新建筑。

登封嵩山峻极阁

安康南宫山酒店1

安康南宫山酒店2

中科院水土保持研究所科研楼

登封中医院门诊楼

榆林中瀛文化广场

陕西丹凤棣花文化旅游区1

陕西丹凤棣花文化旅游区2

嵩山文化遗产展示及管理中心

嵩山少林景区入口工程1

嵩山少林景区入口工程2

中国农业银行西安分行办公楼

常宁

性别：男
出生日期：1973年5月
工作单位：南京长江都市建筑设计有限公司
职称：高级建筑师、国家一级注册建筑师

个 人 简 历：

　　毕业于东南大学建筑系，现为副总建筑师，高级建筑师，城市设计中心主任，中国建筑学会会员，中国青年建筑师奖获得者，香港建筑师学会会员，东南大学、南京大学、南京工业大学设计课程答辩委员

主要工程设计作品：

中山植物园展览温室	郑州植物园展览温室
常州国际创新基地创研港1号楼	常州国际创新基地科创研港2、3号楼
上海迪丰服饰发展有限公司研发中心	苏州宝时得机械有限公司研发中心
常州国际创新基地滨水服务区	大连理工大学常州研究院
南京大学常州研究院	江苏省政协办公楼
南京岱山新城规划及建筑设计	常州科教城国际创新基地规划设计

创 作 理 念：

　　设计师长期致力于城市空间研究及城市设计与建筑设计工作，并在展览温室与绿色建筑设计、现代科技园区规划与建筑设计及居住建筑有较多成功案例。

中山植物园展览温室1（姚力拍摄）

郑州植物园展览温室1（姚力　顾锡拍摄）

中山植物园展览温室2（常宁　顾锡拍摄）

郑州植物园展览温室2（姚力　顾锡拍

常州国际创新基地滨水服务区1

上海迪丰服饰发展有限公司研发中心
企业总部1（姚力拍摄）

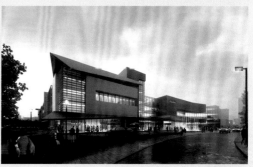

国际创新基地创研港1号楼（姚力拍摄）

上海迪丰服饰发展有限公司研发中心
企业总部2（姚力拍摄）

常州国际创新基地滨水服务区2

苏州宝时得机械有限公司
生产、研发中心1

苏州宝时得机械有限公司生产、研发中心2

苏州宝时得机械有限公司生产、研发中心3

南京岱山新城规划

常州科教城国际创新基地规划

曹辉

性别：男
出生日期：1971年3月
工作单位：辽宁省建筑设计研究院
职称：总建筑师、国家一级注册建筑师

个 人 简 历：

1989 年 8 月～ 1993 年 6 月　武汉工业大学建筑系建筑学专业学习并毕业，获得学士学位

1993 年 8 月～ 2002 年 8 月　历任辽宁省建筑设计研究院助理建筑师、建筑师、主任建筑师，期间于 1998 年 9 月～ 1999 年 11 月浙江大学学习建筑设计及理论硕士研究生课程并结业

2002 年 9 月～ 2005 年 8 月　任辽宁省建筑设计研究院任高级建筑师、副总建筑师、副所长、国家一级注册建筑师，期间在新加坡 PSB 国际管理学院短期学习"现代医院设计与管理"课程并结业

2005 年 9 月～ 2007 年 12 月　任辽宁省建筑设计研究院教授级建筑师、副总建筑师、所长

2008 年 1 月至今　任辽宁省建筑设计研究院总建筑师，期间于 2009 年 8 月～ 2011 年 6 月在丹麦 ARRHUS 建筑学院学习能源与绿色建筑硕士研究生（MEGA）毕业并获得硕士学位

主要工程设计作品：

沈阳市人民检察院综合业务楼与沈阳市民防指挥中心	辽宁电视台彩电中心工程
沈阳市人民检察院综合业务楼工程	鲁迅美术学院大连校区
中海龙湾等五项工程	现代·舒适的百姓之家住宅设计竞赛方案
沈阳市民防指挥中心	沈阳市朝鲜族第六中学教学楼及宿舍
鲁迅美术学院教学楼	抚顺大自然家园小区
中国医科大学第二临床学院综合服务楼五项工程	
四川安县文化和职工活动中心和安县职业中专学校两项工程	沈阳艾特国际花园
本溪银泽家园两项工程	新世界花园总体规划
沈阳市中海国际社区一期人防工程四项工程	
四川安县地质公园游客接待中心和安县妇幼保健院两项工程	中海国际社区 1 号地

创 作 理 念：

　　建筑作为"环境海绵"应对环境有积极的回应，广阔的周围环境会给我们提供足够多的创作灵感。建筑设计应能体现出针对环境问题和地域气候特点的深层次思考，并展现出我们的控制技术。

　　建筑由于环境和人的因素而具有生命，它有表情、有性格，它的色彩、光影、质感都是构成其生命的一部分。建筑师为之付出的心血将令建筑更具生机和活力，使人们的生活更加美好。

鲁迅美术学院大连校区艺术博物馆

沈阳市人民检察院1　　沈阳市人民检察院2　　沈阳市人民检察院3　　沈阳市人民检察院4

四川安县文体中心　　　　　　　　　　　　　东北大学云计算产业科技园

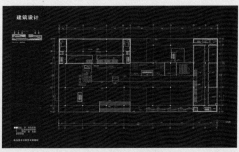

鲁迅美术学院大连校区艺术博物馆平面图

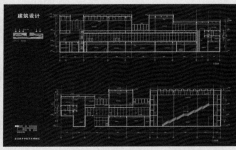

通辽市中心医院改扩建方案　　鲁迅美术学院大连校区艺术博物馆剖面图　　沈阳市民防指挥中心

曹胜昔

性别：女
出生日期：1970年11月
工作单位：中国兵器工业集团北方工程设计研究院有限公司
职称：正高级工程师、国家一级注册建筑师

个 人 简 历：

1992 年　河北建筑工程学院建筑学专业本科毕业后留校任教

1995 年至今　北方工程设计研究院工作

2005 年　获得天津大学建筑与土木工程硕士学位

主要工程设计作品：

中国兵器工业信息化产业基地项目　　　　　　　　　　北京车道沟十号院西南角项目

吉林的东光集团长春高新区出口基地

河北省质量技术监督局 1 号建筑物（河北省质量检验检测大楼）

石家庄市公安局指挥调度中心　　　　　　　　　　河北科技大学新校区修建性详细规划

保定金融高等专科学校第二校区（河北金融学院）图书馆、教学楼

保定金融高等专科学校第二校区可行性研究报告

河北省保定精神病医院精神病房楼可行性研究报告代项目建议书

异型高耸钢框筒—混凝土剪力墙混合结构整体性能及施工关键技术研究

石家庄市公安局指挥调度中心

河北省质量技术监督局 1 号建筑物（河北省质量检验检测大楼）　河北省委党校二期工程

创 作 理 念：

　　在多年的工程实践中勇于探索，主持多项科研课题的研究工作，在高校图书馆、园区规划等领域取得了一定的成绩。2002 年主持太阳能技术与建筑围护结构一体化的课题研究，主持设计的河北省六九硅业消防站是国内第一座光伏电站与消防站结合的建筑，综合运用了多项节能技术，将光电幕墙与采光窗相结合，年发电 30 万千瓦时。落成后引起中央电视台、凤凰卫视的关注，在新闻联播和相关媒体节目中进行了报道，2013 年评为河北省绿色建筑。2012年承担了协同设计与 BIM 软件应用科研任务，负责探索出适合我院各专业工种之间、跨地域分支机构之间实现资源共享的支撑平台。

河北省人民政府办公楼
项目投标方案

河北石家庄市
公安局指挥调度中心

国家陆地搜寻与救护基地（河北地基）

河北省第一届园林博览会主展馆

河北医科大学第二医院正定新区医院总体规划与方案设计目标方案

河北省胸科医院

新合作大厦

河北质量检验检测中心大厦

中国电子集团

中国兵器工业信息化产业基地项目

西山翠屏山迎宾馆（河北省国宾馆）健身中心

吉林东光集团长春高新区出口基地

英利集团六九硅业消防站

北京车道沟十号院西南角项目

黄宇奘

性别：男
出生日期：1975年11月
工作单位：香港华艺设计顾问（深圳）有限公司
职称：高级建筑师

个 人 简 历：

1994年9月~1999年8月 就读于浙江大学建筑系

1999年8月至今 香港华艺设计顾问（深圳）有限公司

历任助理建筑师、方案组副组长、方案组组长、方案设计部主任、主任建筑师、方案设计部经理、主任建筑师、公司副总建筑师、公司副总经理 设计总监

主要工程设计作品：

中海天津响螺湾C-02项目	海口行政中心	深圳大鹏半岛国家地质公园博物馆建筑设计
深圳莱蒙水榭春天一期	深圳长虹科技大厦	东莞松山湖长城世家一期
南京栖园	东莞康乐花园/东莞景湖春晓一期	
南京天泓山庄	南京朗玛国际	南昌高能·金域名都
江门中天国际花园	深圳福田图书馆	绵阳科教创业园产业孵化中心
青岛海信慧园二期	深圳植物公园小区/联泰景煜/香域中央	

创 作 理 念：

　　用狄更斯的名言："这是最好的时代，这是最坏的时代"来形容中国设计行业的现状是恰当的。我们拥有境外设计师梦寐以求的工程项目及工作机会。但与此同时，我们要面对不成熟的业主，大起大落的市场，多变的行业规范，以及更繁重的超时工作。正是在这个既幸福又痛苦的复杂环境中，我们正一点一点积蓄能量，变得更加坚强，更加自信，锲而不舍地追逐心中的理想。

　　在十几年的设计实践中，我一直在思考到底什么是设计？如何做出好的设计？是获得的业主的赞许，还是各种各样的获奖，是观众发出的惊叹声还是市场的热烈反响？是华美的造型或完美的功能……

　　或许就像原研哉所描述的："轻轻将手肘撑在桌子上，托着脸来看这个世界，眼前的一切似乎也会随之有所不同。我们观看世界的视角与感受世界的方法有千万种，将自我生活之感悟运用，这就是设计。"或许答案的确很简单，生活本身就是设计。

海口行政中心

东莞松山湖长城世家一期1

东莞松山湖长城世家一期2

深圳福田图书馆

深圳莱蒙水榭春天一期

深圳大鹏半岛国家地质公园博物馆1

深圳大鹏半岛国家
地质公园博物馆2

深圳大鹏半岛国家
地质公园博物馆3

深圳天健技术中心研发大楼

深圳农科绿洲办公楼

深圳湾科技生态城B-TEC项目

黄晓群

性别：女
出生日期：1969年6月
工作单位：中国中元国际工程公司
职称：教授级高级工程师

个 人 简 历：

1987~1992 年　就读于朝鲜平壤建设建材大学建筑学专业
1993 年至今　就职于中国中元国际工程公司从事建筑设计工作，现任医疗建筑研究所所长、公司副总建筑师

主要工程设计作品：

广东省粤北人民医院住院大楼	肿瘤中心机房楼	门诊医技综合楼
北京海润大厦方案设计	中国气象局气象科技大楼	北京朝阳医院改扩建一期工程
北京朝阳医院京西院区改扩建工程	山东省潍坊医学院附属医院 门急诊综合楼	
苏州大学附属第二医院（核工业总医院）病房楼及地下车库	中油吉化总医院门诊住院综合楼	
宁夏回族自治区人民医院新区医院	乐山市人民医院综合住院大楼一期工程	
四川大学华西第四医院住院综合楼一期工程	中国检验检疫科学研究院综合科研楼	
白求恩国际和平医院门诊综合楼	昆明医学院第一附属医院呈贡新区医院	
中国科学院现代农业生物技术研发平台	马鞍山秀山新区医院一期工程	
成都阜外心血管病医院	深圳市孙逸仙心血管医院	
泸州医学院附属医院门急诊综合楼	四川大学华西医院锦江院区总体规划设计	
北京爱育华妇女儿童医院	北京同仁医院经济技术开发区院区扩建工程	
秦皇岛第二医院新址医院	苏州大学附属第二医院（核工业总医院）高新区医院	

创 作 理 念：

　　建筑创作往往是在不断自我否定中逐步升华实现的。医疗建筑是功能性甚强的公共建筑，它要求建筑创作一定程度上首先服从于医疗功能。因此，如何处理好建筑创作与功能设计之间的关系，这是我们永恒的话题。而我们不应该困惑于二者之间，一个优秀的医院设计作品应该是二者完美结合的产物。

秦皇岛市第二医院迁建一期工程

宁夏回族自治区人民医院新区医院——大鸟瞰

北京朝阳医院门急诊及病房楼

北京亦庄妇女儿童医院

粤北人民医院门急诊综合楼

北京同仁医院经济技术开发区院区扩建工程–西南侧透视图

成都阜外心血管病医院

四川大学华西医院锦江院总体规划

马鞍山秀山新区医院

蓝健

性别：男
出生日期：1961年11月
工作单位：南京市建筑设计研究院有限责任公司
职称：总建筑师、国家一级注册建筑师、研究员级高级建筑师

个 人 简 历：

1990 年　毕业于苏州城建环保学院，获工学学士
1990 年至今　就职于南京市建筑设计研究院有限责任公司，现任院总建筑师
主要工程设计作品：南京德基广场、南京报业大厦等超高层写字楼与城市综合体；南京丽兹卡尔顿酒店、连云港花果山国际酒店等五星级酒店；南京水科院图书馆等文化类建筑；南京河西大型综合儿童医院等综合医院；无锡朗诗国际街区、南京爱涛尚逸园等绿色科技住宅；南京祖堂山老人福利院

主要工程设计作品：

南京德基广场	江苏广电综合楼
昆山花桥商务区	南京水科院图书馆
杭州朗诗会所	无锡朗诗会所
南京融桥社区中心	祖堂山老人福利院

创 作 理 念：

　　经过对这些年设计过程的总结，对自己的认识以及对自己技术能力的认识才逐步清晰和准确。建筑设计是一个不断反省和重新认识的过程，有时候真想将过去的设计重新来过，而不再有这一个那一个的遗憾，不再用"设计是遗憾的艺术"这句话来搪塞过去。建筑总会有遗憾，但我至少不希望这些遗憾是因我而生的，希望能尽自己的努力来实现设计构想。

南京德基广场　　　　　　　　江苏广电综合楼

昆山花桥商务区1

昆山花桥商务区2

南京水科院图书馆

杭州朗诗会所

无锡朗诗会所

祖堂山老人福利院2

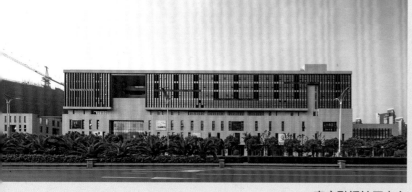

南京融桥社区中心

祖堂山老人福利院1

蔡爽

性别： 女
出生日期： 1976年3月23日
工作单位： 苏州设计研究院股份有限公司
职称： 高级工程师

个 人 简 历：

1999 年　毕业于合肥工业大学，获建筑学学士
2008 年～2012 年　在职就读于南京大学建筑学院，获硕士学位
1999 年至今　苏州设计研究院股份有限公司（院苏州市建筑设计研究院）工作

主要工程设计作品：

书香世家·平江府酒店　　　　　苏州工业园区星海街 9 号改造
苏州伊顿国际学校　　　　　　　苏州工业园区招商银行大厦
常熟市公安局办公综合楼　　　　苏州太湖文化论坛国际会议中心
苏州云泉小筑温泉会所

创 作 理 念：

　　建筑不只是技术，更多的是人文的参与，特别是在进行旧建筑改造项目设计时，我们会发现探寻建筑的历史人文痕迹是多么的令人激动和惊喜。旧建筑留给我们的已不仅仅是古老建筑技术所带来的敬佩，更多是经过历史的沉淀，在各个时期屋主赋予的思想与文化。

　　因此在旧建筑更新改造或者新建筑设计时，对当代人文思想的关心，对现代使用的需求是更值得注意的。建筑已不仅仅是技术，更多的是一种时代的载体，无论其最终承载的是正确还是错误。

书香世家·平江府酒店2

书香世家·平江府酒店1　　　　　书香世家·平江府酒店3　　　　　常熟公安局综合楼（姚力 摄）

苏州太湖文化论坛国际会议中心1

苏州太湖文化论坛国际会议中心2

苏州太湖文化论坛国际会议中心3

苏州工业园区星海街9号改造

苏州工业园区星海街9号改造

苏州工业园区招商银行大厦（姚力 摄）

苏州云泉小筑温泉会所1

苏州云泉小筑温泉会所2（查正风 摄）

薄宏涛

性别： 男
出生日期： 1974年12月
工作单位： 中联筑境建筑设计有限公司
职称： 高级工程师、一级注册建筑师

个 人 简 历：

1998 年　毕业于重庆建筑大学

2002 年　获德国文化交流基金会 (D.A.A.D.) 资助赴德国柏林工业大学进修并获城市设计学位

2004 年　获得同济大学建筑学硕士学位（城市设计方向）

2003 ~ 2005 年　供职于德国 IFB 股份有限公司（任上海代表）和德国 AR.D.D. 建筑设计有限公司（任中国代表）

2006 年　加入中联·程泰宁建筑设计研究院（现中联筑境建筑设计有限公司）担任副总建筑师

主要工程设计作品：

绿地杭州大关路城市综合体	上海养云国际社区安缦酒店	绿地长沙金融城
绿地长沙火车北站南地块城市综合体	绿地大同御东新区城市综合体	无锡云蝠大厦
上海西站站房	南浔行政中心	上海同济大学博士生楼
江苏中国国际采购中心	上海国际汽车会展中心	包头龙藏新城
上海文化公园竞赛	柏林中国大使官邸	上海莘闵办公楼
四川外语学院综合楼	重庆时代天骄大厦	

创 作 理 念：

　　空间不一定惊艳、形象也不一定非要夺人眼球，无数人文感知和空间集体记忆来营造的建筑场所氛围才是我眼中的空间艺术。

　　文脉是客观存在的，而继承和创新就涉及文化自信和文化自觉的问题，中国的建筑师应该对自己的文化有自信，是肯定、欣赏、热爱甚至痴迷的，这才能有传承文脉的物质准备。而有主观意识、创作热情去把自我理解的文化内涵通过设计做出积极呈现，这就必须要一种文化自觉。自信、自觉缺一不可。

绿地杭州大观路项目

无锡云幅大厦

无锡江达生态办公楼1　　　　无锡江达生态办公楼2　　　　南浔行政中心1　　　　南浔行政中心2

绿地成都航校项目1　　　　绿地成都航校项目2　　绿地大同金融城项目1　　　绿地大同金融城项目2

上海安琪儿联合幼稚园　　　　绿地长沙湖南金融城1　　　　绿地长沙湖南金融城2

绿地宜宾三江口项目

薛晓雯

性别：女
出生日期：1968年
工作单位：中国建筑东北设计研究院
职称：教授级高级建筑师、国家一级注册建筑师

个人简历：

1998 年　毕业于重庆建筑大学

2002 年　获德国文化交流基金会 (D.A.A.D.) 资助赴德国柏林工业大学进修并获城市设计学位

2004 年　获得同济大学建筑学硕士学位（城市设计方向）

2003–2005 年　供职于德国 IFB 股份有限公司（任上海代表）和德国 AR.D.D. 建筑设计有限公司（任中国代表）

2006 年　加入中联·程泰宁建筑设计研究院（现中联筑境建筑设计有限公司）担任副总建筑师

主要工程设计作品：

沈阳展览中心	沈阳领先国际城	沈阳华强广场	沈阳东大国际广场
沈阳银基威尼斯一期四组团	沈阳银基东方威尼斯广场	沈阳万泉公元住宅项目	
沈阳摩根凯利大厦	海门饭店	沈阳市第二十中学图书馆	上海恒达广场
上海市迎宾馆	本溪开元商厦	海门饭店	秦皇岛天洋新城
新华社区住宅小区	沈阳凯宾斯基酒店	青岛信息大厦	本溪客运站
本溪五金交电化总公司大厦	大连开发区第二中学	江苏海门酒店	
本溪客运站	沈阳地王国际花园	沈阳市于洪区新城镇 2 号地	沈阳澳海西湖印象
沈阳俪锦城	沈阳辽宁艺术剧院	大连友谊商场	
沈阳华阳广场（喜来登酒店）	沈阳万豪酒店		

创作理念：

　　薛晓雯同志对建筑设计专业充满热爱，在出色地完成本职工作的同时，不断地学习和充实自己，具备良好的建筑艺术和理论素养。她重视建筑理论的学习和研究，特别关注中国传统文化在现代建筑中的继承和发展，以独特的视角解读中国传统建筑。作为一个与经济、科技和社会发展同轨前进的建筑师，薛晓雯深刻的认知到把建筑真正做成精神家园绝非易事。她重视建筑品格和建筑艺术的文化属性，特别在建筑设计与工程中对新材料新技术的应用。在探究中国本土的建筑艺术的同时，还希望强化人与建筑相生相化的精神。不但坚持设计前对建筑的思考，更坚持建筑的本体与客体的价值体现！

沈阳领先国际城1

沈阳领先国际城2

沈阳东大国际 1

沈阳东大国际 2

沈阳华强广场 1

沈阳国际展览中心1

沈阳国际展览中心2

沈阳国际展览中心3

摩根凯利大厦

中国高压电器博物馆1

沈阳华强广场2

沈阳地王国际花园1

中国高压电器博物馆2

沈阳地王国际花园2